# 未来战场上的军事通信

## Military Communications in the Future Battlefield

[芬兰] 马可·索亚宁 （Marko Suojanen） 著

范斐 刘岩 徐华正 译

国防工业出版社

·北京·

著作权合同登记　图字：01-2022-7028 号

**图书在版编目（CIP）数据**

未来战场上的军事通信／（芬）马可·索亚宁
（Marko Suojanen）著；范斐，刘岩，徐华正译.
北京：国防工业出版社，2025.1. --ISBN 978-7-118
-13561-9

Ⅰ. E96

中国国家版本馆 CIP 数据核字第 20250ZV591 号

※

国防工业出版社 出版发行
（北京市海淀区紫竹院南路 23 号　邮政编码 100048）
三河市天利华印刷装订有限公司印刷
新华书店经售

*

开本 710×1000　1/16　印张 9　字数 160 千字
2025 年 1 月第 1 版第 1 次印刷　印数 1—1500 册　定价 88.00 元

**（本书如有印装错误，我社负责调换）**

国防书店：（010）88540777　　书店传真：（010）88540776
发行业务：（010）88540717　　发行传真：（010）88540762

# 作 者 简 介

马可·索亚宁博士于 2002 年在坦佩雷理工大学获得电气工程硕士学位，主修微电子学，辅修通信电路和工业管理。他曾在坦佩雷理工大学、芬兰技术研究中心、科技公司以及在芬兰国防研究局的多个领域从事研究和研发项目，目前是芬兰国防研究局信息技术部的研究员，其研究方向包括无线通信、技术前瞻、系统工程和军事行动分析。马可·索亚宁博士积极参与了多项国际合作项目及会议。他撰写了数篇关于高压电磁场建模与仿真、低功耗无线技术、无线传感器网络、技术前瞻、兵棋推演以及未来军事通信的出版物。马可·索亚宁博士在 2013—2015 年的国际军事通信与信息系统会议（ICMCIS）、2015—2016 年的国际认知无线电先进技术（COCORA）会议以及 2015—2018 年的 IEEE 系统会议（SYSCON）技术委员会中担任评审员。他在 2014 年的 COCORA 会议和 2015 年的 IEEE SYSCON 会议上，主持了相关领域的技术会议。其参与的国际工作组在 2014 年获得了科学成就奖。

# 译 者 序

本书针对未来战场中指挥与控制对军事通信的需求，采用整体性与实践化方法，深入探讨了在未来突发情况、环境和非结构化编队中的战场通信技术方案，摒弃了常见教材和专著分散罗列已有研究成果的习惯，重点将军事行动、通信、感知与移动性等进行融合，将最新的技术发展，如增强现实、人工智能、软件定义无线电、认知无线电、无人自主系统等技术对指挥与控制、军事通信的影响及其未来潜在应用进行了详细阐述，共同描述了一种独特的、面向未来与应用的通信方法。

目前已有的战场军事通信专著较少，且主要以传统视角，对军用通信基本原理、主要特点、系统组成、典型设备及器件、关键技术、军事综合应用、网络通信协议等方面进行阐述，在内容上较侧重微观层面的技术介绍，而缺乏对人工智能、无人自主系统等最新技术发展在军事通信领域潜在应用的介绍。本书瞄准未来信息化、智能化战场指挥与控制问题，聚焦军事通信，以宏观视角，首次系统阐述了各类新兴技术或颠覆性技术在未来战场指挥与控制能力规划、通信、态势与环境感知、移动性应用等方面的内容，使读者以宏观、系统、清晰的思路，理解和掌握未来战场中最新的指挥与控制、军事通信技术发展与潜在应用情况。本书具有新颖的学术价值和广泛的实用价值，是军事通信领域的经典著作。

本书第1、2、4、6章由范斐负责翻译，第3、5、7章由徐华正负责翻译，第8~10章由刘岩负责翻译。三位译者共同完成了全书的统稿。

本书在翻译及出版过程中，陈略高级工程师和李晓芳研究员对全书的审校提供了大力帮助，吴文堂对本书的翻译提出了重要建议，张大伟、龚君对本书的顺利出版提供了大力帮助。特此表示感谢！限于译者水平，书中难免存在疏漏和不足，恳请读者批评指正。

译 者
2024 年 6 月

V

# 前　　言

本书着眼于应用层面，对未来通信技术的发展趋势进行了系统性探讨。其内容组织以实践为导向，摒弃了不必要的理论性叙述，旨在为军事与安全技术领域的专业人士及军官提供深度分析，以促进对通信领域长远发展的共同研讨。在内容上，本书融合了多项关键能力需求，并特别关注在变化莫测的战场环境、意外情境及非结构化编队中，战场通信可能采用的技术解决方案。尽管市面上关于无线通信的文献众多，但普遍侧重民用领域。相较之下，聚焦于军事或国防的技术文献，则主要集中于电子战或雷达应用等专业领域。本书开拓性地整合军事行动、通信、传感与移动性等多个维度，提供了一种具有前瞻性并侧重应用的研究方法。

本书的主旨是做好应对突发事件的准备，并开始建立未来作战环境中所需的敏捷、自适应、具有认知能力的系统，同时也不能忘记经过时间检验的经典通信方法，既有技术上的，也有战术上的，将其作为环境不允许使用尖端技术时进行指挥和控制的冗余通信方式。

本书采用的概念性、前瞻性和应用驱动的方法论将吸引来自不同领域人员的广泛关注。以下特定领域的专业人士将会对本书产生更为浓厚的兴趣：

（1）国防与安全领域的技术与业务开发经理；

（2）国防与安全领域的军事与安全官员及技术专家；

（3）拥有前瞻性视角的技术专家；

（4）专注于通信与国防研究领域的研究生。

本书读者应了解通信技术的基本知识、广泛的最新技术发展情况，以及战术、程序和未来军事与安全部队行动环境方面的作战常识。读者只要对这三个领域中任何一个领域的知识有所了解，就足以理解书中的内容。

本书中的观点、讨论和分析纯属作者个人创作，不以任何方式反映芬兰国防军、芬兰国防研究局和芬兰国防部的官方观点。书中任何可能与这些组织官方观点一致的细节纯属巧合。本书未使用机密信息或机密参考资料。本书中介绍的场景均为虚构、通用场景，不涉及任何真实的国家、能力或地点。所介绍的主题、技术和能力的选择是基于作者早期在文职机构工作期间的个人兴趣和职责，以及军队指挥与控制的通用方法。

# 目　　录

# 第1章 概　　述

信息在战斗中一直发挥着关键作用。如果没有关于环境以及敌方实施和计划行动的信息，执行自己的行动就会雾里看花、险象环生。信息可能被证明是真实的，也可能是虚假的，根据信息的可靠性可能导致采取截然不同的行动。决策者在任务执行的过程中，可能会因为掌握了可靠的信息而有多种选择。如果信息的可靠性受到质疑，就需要根据决策者的教育背景、训练水平、周围条件、能力和战场上可用的资源，运用战争专业知识制定新计划或随机应变。

## 1.1　信息中心战

为了赢得战斗，拥有准确的信息似乎是必不可少的，但在大多数情况下，单靠信息本身还不够。重要的是不仅要有可靠的信息，还要有必要的工具在战场上分发这些信息，以便每个参与者都能理解并正确应用在他们的作战任务中，从而确保指挥官对任务目标和意图的掌控。战场上的一举一动都会改变战斗走向。因此，至关重要的是，个别参与者不应创造不必要的"噪声"，这可能会干扰其他参与者执行任务。

除了信息的传递和接收，信息还必须不断更新。为了做好行动规划，必须在频繁更新信息与丢失最新数据之间权衡利弊。对信息的定义可以有所不同：一方面，信息可能是经过特定方式收集和过滤的原始数据，用于分析和作出明智的决策；另一方面，信息可能是直接用于决策的分析数据。信息还可以代表以特定形式对现实世界的测量数据、事件和现象的描述。通常，信息在数字域进行处理，可以利用最先进的信息技术和算法工具。基于当前的技术能力，当数据源连接到互联网时，我们可以便捷地收集和处理大量数据。然而，如果我们感兴趣的事件无法在互联网上访问，追踪这些事件并基于非互联网资源进行分析就会变得更加困难和缓慢。随着数据收集和分析的速度越来越慢，成本越来越高，信息的实用性及其影响可能会随着时间的推移而减弱。

### 1.1.1　红蓝兵棋推演在发展卓越作战和未来能力需求中的作用

在战争史上，有几个众所周知的发展阶段，工业化、大规模、空中力

1

量、网络中心、情报（智能）、监视、侦察以及精确交战能力均在战场上发挥了重要作用。信息、网络、太空、机器人技术与自主系统，有望通过缩短观察、定位、决策和行动（observe, orient, decide, and act, OODA）周期所需时间，从多个方面影响未来战场，包括向更多用户提供战场参数信息、将无人平台推向前线、处理后勤信息确保在正确时间将必要战场物资投送到正确地点。

尽管在现代战争中，对诸多行动者有许多可能的划分，但传统方法认为战争是敌我双方之间的双边战斗，分别标记为蓝军和红军。敌我双方均有特定的作战目标，这些目标通过任务需求来描述。这些部队、单位、系统和资源在不同作战阶段的位置和自由度都要根据地形特征、天气条件、对手资源、对手利用环境为自己谋利的方法以及对手的任务目标来考虑。图1.1举例说明了任务中可能使用的不同军事单位和功能。特定的部队成员已接受过面对对方类似部队成员的训练，或接受过以各种方式利用反制措施对付对方部队成员的训练。变化的军事任务、数量有限的军事系统、人员和培训、军事技术投资以及各级组织自由度不同的分级组织，都限制了其偏离所执行军事任务主要目标的能力。

图1.1 一个任务中可能使用的不同军事单元和功能

战争可视为一场推演，作战双方均一直在进行战斗准备，以便熟悉相关工具、力量、系统、环境与对手。双方均准备了多种备选方案，以实现军事任务目标。不同方案有不同的优先级，这些优先级会随着行动者在战场上更新情况而随空间和时间变化，这可能会使之前的增量步骤过时。图1.2为红蓝双方在战斗第一阶段中的作战单元和职能示例。蓝军及职能在左边，红军及职能在右边。作战单元位置描述了他们在战斗中的使用时序。例如，在前线蓝军有特种部队，红军有情报、监视和侦察（intelligence, surveillance, and reconnaissance, ISR）作战单元。

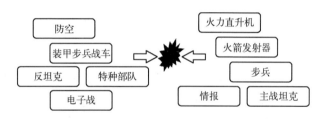

图 1.2 红蓝双方在战斗第一阶段中的作战单元和职能示例

## 1.1.2 未来作战环境特点

在通常情况下，打响战斗第一枪后双方都必须做出调整适应，因为无论是蓝军还是红军，面对的战局都不可能完全按照战前的计划进行。由于可能会出现意料之外的情况，适应性、敏捷性和反应速度变得至关重要。谁能预测可能出现的结果、收集信息、分析实现任务目标的不同方法并在演习中加以运用，谁就更有希望在任务中取得成功。军事准备、机动性、高速兵力投送和调遣限制了决策者更新和分析局势以及执行短期规划的机会。如果有一个连续的事件流正在发生，其可靠性和威胁级别必须得到验证与评估，否则决策者将被滞留在特定事件上，而非专注于主要目标。因此，收集、分析和提供态势图是一个持续的过程。下文提出了一些有关实现理想态势图的问题：

（1）此事件是否可信，是否影响任务目标，是否间接影响主要任务？

（2）如果未考虑此事件，在以下行动阶段可能面临的危险事件和活动的时间表是什么？

（3）如果这个事件被评估并缓解，对其他问题的关注度减少，会出现什么其他后果？它是否限制了在责任区域内开展其他任务的替代方案？

（4）是否需要对情况进行更彻底的分析，然后再决定采取行动或不采取行动？是否需要从事件地点获取更多信息？是否需要重新分配资源来执行这项行动？

这份清单清楚地表明，决策挑战存在于组织的每个层级。由于军事行动涉及生死存亡，规划中经常强调信息在空间和时间上的有效性。在战斗中使用不同的系统、力量要素等有限资源需要考虑主动性、及时性、经济性。如果任务耗时超过预期，军事资源的消耗可能会比预期的更快。必须分配资源以保护蓝军，但也要时刻准备将资源和力量投射到对任务成功至关重要的地方。可能需要及时关注这些关键点，以在战斗中占上风，在最终任务中占据有利位置。在使用固定资源执行任务时有多种方法。尽管运筹学和分析社区（在建模、仿真和技术社区的支持下）正在进行大量的研究和练习，但事先很难找到最好的方法。本书重点介绍了指挥与控制（command and control，C2）、通信以及新兴颠覆性技术。C2 从长期视角来看会成为军事行动的生命线，因此本书也聚焦于通信的讨论。

军事和安全机构传统上依赖等级制度来组织其结构，这种模式通常不具备灵活适应多变环境的能力。在这种层级化体系中，不同级别的军事单位承担着明确的责任，并拥有相应的行动自由度。目前，基于能力的规划方法已被广泛采纳，它强调联合态势感知及联合作战的重要性，以提升整体作战效能。力量的快速部署和有效分散被认为是实现军事任务成功的关键因素。当前学术界正在积极探讨新技术的进步是否从根本上改变了战争的本质和战斗方式。展望未来，军事行动将倾向于采用更快节奏的作战方式和分布式的力量配置，而不是依赖传统的大规模兵力投送和后勤单元支持。未来的军事战略可能会更加依赖能力更为全面的军事单位。这些单位将配备更先进的态势感知系统、更透明和高效的指挥与控制架构，以及更广泛运用的无人系统或自动化平台，以增强战斗力和适应性。

精确制导武器的不断进步和无人平台的利用要求通过伪装或分散能力来保护重要系统，以减少军事编队的脆弱性。实际上，在任何关注通信或交战行动之前，获取态势信息和采取被动及主动手段进行适当保护是己方生存的关键。这对小型作战单元提出了更高要求，它们必须依靠自身资源应对任何情况，而无法获得邻近作战单元的支持。可能存在这样的情况：通信解决方案必须偏离指挥链，以便拥有最佳本地态势情况的作战单元能够采取积极主动性。特定临时分布式连接需求将逐渐增加，用于根据需要进行不可预见的连接。传统方法将感知和通信分开，但从长远来看，这些能力预计将以不同功能集成到智能手机中。

将力量分散以保护目标实际上对通信提出了更高要求。一方面，为了完成联合任务，每个作战单元和战斗人员都需要最新威胁、威胁位置、平民、友军以及战场后勤的关键信息，这些信息应该随时保持安全和不被探测；另一方面，使用无线通信可能会使敌方信号情报、监视和侦察任务有机可乘。

## 1.2 技术发展对指挥与控制功能的影响

军事指挥与控制系统严重依赖计划好的行动和操作环境。因此，持续跟踪趋势、发展和颠覆性事件对理解环境非常重要。近年来，由于使能技术的更广泛可用性（在过去这些技术无法使用，阻碍了特定作战概念（concept of operations，CONOPS）的应用），技术进步已经加速。这一进步的关键要素是不同功能的数字化和网络化。对新技术、教育、专业知识与创新网络的认识，有助于在全球范围内实现信息传递。

由于数据容量的需求越来越大，许多通信系统已经将重点转移到更高传输频率，这要求节点之间的距离更小，因此蜂窝移动系统中的单元尺寸也更小。更高频率需要视距（line-of-sight，LoS）链路，其中移动基站（mobile station，MS）、基站（base station，BS）或两者都需要利用高通信桅杆、升高的地形或基于空中系统来提升。同时，民用频率已超越军用频率并占据优势，这对军用频率规划提出了迫切需求。

随着城市化增速和城市经济的蓬勃发展，城市为居民提供了更加光明的经济前景，不断吸引人口从农村地区向城市中心迁移。随之而来的是城市人口的激增，导致特大城市的形成。预计这些城市将面临一系列挑战，包括离岸位置选择、网络连接、电力供应、后勤维护，以及与供水、供暖、通风和废物管理相关的问题。现代超大城市高度依赖网络技术，因为许多关键服务都通过云计算和物联网（internet of things，IoT）来实现和管理。

## 1.2.1 交叉技术对指挥与控制功能的影响

在审查了多份公开的技术展望报告、路线图和长期战略军事报告后，我们发现有几种新兴的、根本性的和颠覆性的技术将与 C2 技术关联。信息技术可以被视为一种交叉技术，它对战场上的大多数系统都有影响。C2 功能构成了战场上领导和管理的基础，这种功能是所有作战任务所必需的。以下列出了一系列重要的技术、方法和系统，它们对长期执行作战行动有影响[1-7]。在这里，"长期"指的是从 2018 年到未来 20~25 年的时间范围（2038—2043 年）。

（1）自主系统；

（2）无人系统；

（3）深度学习；

（4）机器学习；

（5）人工智能（artificial intelligence，AI）；

（6）神经网络；

（7）认知系统；

（8）认知无线电（CR）；

（9）软件定义无线电（software-defined radio，SDR）；

（10）云计算；

（11）增强现实（augmented reality，AR）；

（12）泛在计算；

（13）物联网；

（14）量子计算；

（15）大数据分析；

（16）小卫星；

（17）纳米技术；

（18）生物技术；

（19）合成生物学；

（20）增材制造；

（21）机器人技术；

（22）多功能系统；

（23）多角色平台。

尽管制造工艺的极限已经凸显，但微电子技术的进步仍将继续。目前的常见制造和材料技术，需要通过使用不同的材料和方法，拓展到其他领域。纳米技术、生物技术和量子技术很有发展前景，但是，这些技术都需要新的专业知识、新的设计和实施方式，以及可靠的测试程序来验证它们的能力。这些新技术需要理解与早期技术完全不同的现象。从物质到波的转移使得很难分离构建模块并保持这些系统所达到的状态不变。理解这些系统与周围环境的相互作用，对保持这些系统的稳定性至关重要。在网络方面，物联网可能对网络安全构成巨大挑战，但也可能创造更多机会，以实现更多互联的传感器、执行单元和通信单元之间的连接。智能技术以人工智能、深度学习、机器学习、神经网络、量子计算和认知系统的形式，与纳米技术、生物技术、增材制造和机器人技术的发展相联系。这些实例包括神经形态芯片原型和在电子与光电元件之间进行交互的纳米结构。改进的纳米结构，具有高速开关和处理速度、低功耗和微型化等有益特性，可能会引入新的机会，开发高度复杂的本地学习系统，而无须基于云的基础设施服务。一方面，可重构系统引导着多功能系统和多角色平台的发展；另一方面，蜂群平台的开发为形成智能群体提供廉价的解决方案，这些智能群体的个体责任会为整个蜂群的利益而改变。增材制造可为通信组件的本地生产提供有效工具。纳米技术、生物技术、合成生物学和学习能力的融合，可能带来我们尚未完全理解和预期的颠覆性变革。这些技术的交叉发展除了技术问题外，还引发了一些伦理问题。

## 1.2.2 自主系统与网络活动对网络中心环境中指挥与控制的挑战

尽管自主系统的伦理和法律问题一直在讨论，但许多活动的目标是改进感知回避系统、模式识别、大数据分析、认知系统以及群体行为。与传统方法相比，自主系统可以有效地执行任务，并且在自主系统时代，许多当前系统可能显得过时。如果自主平台或平台群通过适应当前条件，对影响其运行的各种因素有非常深入的了解，那么自主系统就没有必要与控制中心或总部进行通信。关于中止任务或返航的基础消息，可以通过非常狭窄的数据消息脉冲发送，这些消息可以在自主系统之间进行中继。控制自主系统的一种方式是从有人驾驶的平台监督无人任务。

　　未来的自主系统可以是独立系统，能够感知周围环境，并具备单人行动所需的所有能力。另一种自主系统与群体智能和蜂群智能有关，这种系统能力由多个相互协作的单元构成。这些单元都执行主要任务，每个单元都有特定的任务，如果单元具有执行任务所需的功能，这些任务可以在不同单元之间切换。群体还可以具有固有欺骗能力，这意味着群体中一些单元只执行欺骗任务，以吸引对手对这些人造单元的兴趣，从而保护高价值目标（high-value target，HVT）。如前所述，自主系统可以通过多种方式改善军事通信效果。群体单元可以收集环境和有关地形条件的信息，以优化发射器和接收器地理位置之间的通信。优化任务还可以通过改变载波频率，或改用有线连接或光通信，而不是使用无线电频率来改变不同节点的通信路由。如果自主平台有能力将消息从源头物理传送给信息预定接收者，那么比特或字节就不需要通过任何媒介发送。

　　过去，战争随着社会、政治、经济、技术、伦理、全球化和世界各地不同联盟的变化而演变。战争作为一种概念，以及为发展正确的能力、装备、部队和使用它们的训练程序而进行的军事准备在很大程度上一直是保密的，但总体而言，战争并没有完全孤立的发展。国防是国家和社会的基本组成部分。尽管一些技术向功能性民用或军用系统发展显然会影响未来战场，但纵观历史，军事核心行动仍会对未来的发展产生重要影响。虚拟战争、网络战争或机器人战争并不是一个国家为保护其主权和利益，而必须做好的典型意志和牺牲之战。技术战争仍可能进行到物质和财政资源耗尽的地步，然后地面部队继续战斗。尽管牺牲是大多数现代人不愿看到的现象，但它是战争的本质，是虚拟战争无法取代的。技术实际上可以减少痛苦和牺牲，例如，新型武器可精确限制对平民和友军的附带伤害。网络武器就是另一种情况，因为在最坏的情况下，附带伤害可能会在全球范围内扩大。虽然广泛的无限制网络行动的直接后果最初以信息为中心，但间接后果可能导致网络互联的物理实体的破坏和牺牲。军事组织历来都在通过主动和被动的方式，为战场上预期的重大变化作准备。新能力的开发不是一个快速过程，军队必须具备减轻潜在威胁影响的能力，同时利用这些技术带来的优势，应对敌人战略、行动、战术和技术能力的意外情况。这比以往任何时候都更需要各个层面的灵活性、适应性、鲁棒性和复原力。在制定行动概念（CONOPS）、研发和培训的同时，还必须不断评估近期行动的经验教训和报告。在技术领域，技术与反技术之争仍将继续。将技术研究、创新和实验完全留给民间力量是不明智的。除尝试多种 CONOPS 之外，系统中不同的技术组合也可为巧妙使用部队和资产开辟新的不可预见的途径[8]。

采用以网络为中心的方法开展行动与不使用以网络为中心的资源和服务开展行动同样重要。关键问题是，如果能在其他方面创造更多效益，军方愿意在多大程度上降低对鲁棒性的要求。鲁棒性已嵌入军事系统的军事要求中，这通常是军队使用军用无线电而不使用民用通信产品的原因[9-10]。

## 1.3 本书后续各章内容

在介绍了信息在未来战场上的重要性、长期技术预测的前景，以及未来军事行动和战争的总体特征之后，本书后续各章内容如下。

第 2 章首先介绍了指挥与控制相关定义，以理解其在军事能力组合中的基本作用。然后通过比较 C2 环境中基于威胁的规划和基于能力的规划，介绍了军事能力规划。能力规划可以同时利用基于威胁和基于能力的规划方法，后者在西方军事能力规划中获得了更多的应用。C2 和以网络为中心的能力（如在美国联合能力区域（JCA）模型中）是考虑军事通信的重要能力，但从作战分析的角度来看，其他能力的要素作用也很明显。第 2 章还介绍了一个虚构的军事场景，为第 9 章的通信技术替代方案评估设定了基线。

第 3 章简要介绍了通信系统。首先介绍了通信需求、发射机、接收机、天线和扩频（spread spectrum，SS）系统的基本特性。然后介绍了不同的频段，并介绍了第 9 章中将要使用的民用通信和军用通信技术的通用参数。

第 4 章主要讨论了态势感知和情境感知在军事行动中的重要性。C2 功能需要最新的态势感知，而态势图的传递是 C2 的任务。第 4 章还讨论了智能环境、基于位置的服务、增强现实、泛在计算以及人机交互，目的是利用新技术改善作战人员之间的互动以及与智能环境的互动，这可能提供一种通过特定位置进行通信的新方式。

第 5 章主要介绍了无线电波传播，以便了解传播中的基本现象，并介绍了第 9 章中用于通信范围评估的简单传播模型。由于本书没有提供精确的三维地形、物体模型和真实环境，因此传播建模保持简单和粗粒度级别。第 5 章还介绍了自由空间路径损耗和平面地球传播模型，以及 Okumura-Hata、COST 231-Hata 和 Egli 经验模型。

8

第 6 章介绍了无线传感器网络（wireless sensor networks，WSN），并重点关注未来第五代移动通信技术（5G）网络中介于 WSN 和通信网络之间的新兴物联网概念。WSN 可以为常规通信服务提供替代通信路径，如果消息被存储到一个中间节点中，该概念与第 4 章中介绍的基于位置的遗留消息概念接近。

第 7 章介绍了软件定义无线电（SDR）和认知无线电，这些技术可能为未来战场的通信需求提供解决方案。尽管这些技术已经开发了很长时间，但灵活性、适应性、互操作性以及多模式和多角色的作战终端特点尚未完全确立。最近的技术发展带来了新的工具和解决方案，可将灵活的处理选项和宽带通信模块结合在一起，实现可运行传统、窄带和宽带操作模式的软件无线电（SDR）。频谱可用性在近期和远期都将面临挑战，这就需要合作学习和对作战环境中频谱具有感知能力的认知无线电（CR）。

第 8 章不仅介绍了无人系统及其在提供通信服务中的应用，还介绍了无人机（unmanned aerial vehicle，UAV）、无人地面车辆（unmanned ground vehicle，UGV）、机器人、自动驾驶车辆以及无人系统的蜂群。技术进步也将无人系统的利用推向通信应用前沿，因为未来自主系统可能为从起点到目的地的消息传递提供无发射选项。这不仅会节省频谱资源，减小平台可被探测性，还可减少通信有效载荷，延长飞行时间，并减轻在平台上设计高质量多频段天线的负担。

第 9 章将前几章内容汇集在一起，评估了战场通信的不同选项。第 2 章中开发的场景被用作作战分析中 C2 功能的框架，通过引入鲁棒性因子、安全因子、范围因子、容量因子和时间提前因子作为通信有效性度量标准（measures of effectiveness，MOE）。这些因素是相互关联的，选择不同的通信替代方案对任务有很大影响。第 9 章的分析与虚构场景有关，介绍了一系列基于场景能力开发过程中所需遵循的流程，这会引出整体防御系统的能力需求。

最后，第 10 章回顾了前 9 章内容，并对未来战场军事通信进行了总结。

# 参 考 文 献

［1］ Mathijsen, D., "DARPA: Inventing the Future of Military Technology," *Reinforced Plastics*, Vol. 59, No. 5, September/October 2015, pp. 233-237.

［2］ Barno, D., and N. Bensahel, *The Future of the Army: Today, Tomorrow and the Day after Tomorrow*, Atlantic Council, September 2016.

［3］ Scheerder, J., R. Hoogerwerf, and S. De Wilde, *Horizon Scan 2050: A Different View of the Future*, The Netherlands Study Centre for Technology Trends, The Hague, 2014.

[4] European Commission, *A Digital Compass for Decision-Makers: Toolkit on Disruptive Technologies, Impact and Areas for Action*, Recommendations of Strategic Policy Forum on Digital Entrepreneurship, European Union, July 2016.

[5] Ivanova, K., and G. E. Gallash,, *Analysis of Emerging Technologies and Trends for ADF Combat Service Support 2016*, DST group, Department of Defence, Australian Government, Unclassified, Approved for public release, December 2016.

[6] Office of the Deputy Assistant Secretary of the Army (Research & Technology), *Emerging Science and Technology Trends: 2016-2045: A Synthesis of Leading Forecasts*, US Army, April 2016.

[7] Miller, D. T., *Defense 2045: Assessing the Future Security Environment and Implications for Defense Policymakers*, Center for Strategic & International Studies (CSIS), November 2015.

[8] Burmaoglu, S., and O. Santas, "Changing Characteristics of Warfare and the Future of Military R&D," *Technological Foresight & Social Change*, No. 116, 2017, pp. 151-161.

[9] Chapin, J. M., and V. W. S. Chan, "The Next 10 Years of Wireless DOD Networking Research," *MILCOM* 2011 *Military Communications Conference*, Baltimore, MD, 2011, pp. 2238-2245.

[10] Vassiliou, M. S., et al., "Crucial Differences between Commercial and Military Communications Needs: Why the Military still Needs Its Own Research," *MILCOM 2013-2013 IEEE Military Communications Conference*, San Diego, CA, 2013, pp. 342-347.

# 第 2 章　指挥与控制环境中基于场景的能力规划

指挥与控制（C2）是许多军事能力框架中的能力领域之一。在军事背景下，指挥指的是指挥官使用直线职权向其负责的组织下达命令的权利。通常，使命任务是指一个组织在作战环境中实现其目标的顶层计划。一项使命任务被划分为若干行动，这些行动被进一步划分为任务。在军事组织中，使命任务是预先规划的，军事组织的主要职责是为每个预期的使命任务制订计划，并训练组织内的部队执行。在演习和经验教训评估之后，可能需要改进计划。指挥还包括将指挥权下放给下级，下级军官负责目标、资源和执行行动的时间表。控制是对军事组织较低层级目标执行的监督，与任务目标相关联，并随着情况的变化而改变目标命令。指挥是一种决策行为。控制来自低层的反馈，支持整个任务按照指挥官的目标方向执行。尽管许多关于组织行为的研究也强调了领导在指挥控制中的作用，但是指挥和控制这两个因素是 C2 的典型构成要素。

## 2.1　指挥与控制相关定义

C2 能力相关的缩写拥有多个定义，包括指挥、控制和通信（command, control, and communications, C3），以及指挥、控制、通信和计算机（command, control, communications, and computers, C4）。另外，还有在 C 字母后面增加了情报功能的缩写，如指挥、控制、通信、情报、监视和侦察（command, control, communications, intelligence, surveillance, and reconnaissance, C3ISR），以及包含目标获取功能的指挥、控制、通信、情报、监视、目标捕获和侦察（command, control, communications, computers, intelligence, surveillance, target acquisition, and reconnaissance, C4ISTAR）。C2 和其他军事能力一样，承载了以往战争和行动的传统。然而，随着技术日益成为核心要素，掌握新技术与军事系统的经验变得至关重要。这要求军事组织保持技术发展的领先地位，并开展内部军事研发（research and development, R&D）工作。与此同时，必须规划并测试面向未来技术的作战行动（至少在数字域），并得到作战分析、建模和仿真的支持。

C2 系统是依托计算和通信技术实现的，C2 功能可在军事部队的作战环境中发挥作用。鉴于 C2 的重要性，C2 系统应该是可靠、安全、适应性强、灵活且可扩展的，它需要支持部队的机动性、与国内外伙伴的互操作性，以及可能的非军事网络连接。同时，C2 系统应提供低成本服务，在用户之间的必要通信距离上提供所需的通信容量。尽管对 C2 系统的需求列表很长，但在 C2 系统中传输的消息应该是明确定义的，并且能被 C2 网络中的任何用户所理解。

## 2.2  指挥控制与网络中心战

C2 系统使用数据、话音、图片和视频进行操作。由于信息和通信技术的发展，与平台中心战相比，传感器、参与者和射击者的网络化被视为网络中心战（network-centric warfare，NCW）的力量倍增器。网络中心战的重要性在于相对于对手的信息优势，使决策能够在准确、及时和可靠信息的条件下进行。这种优势有助于蓝军更快地投送，以及通过应用巧妙的电磁频谱战（electromagnetic spectrum operations，EMSO）来主导频谱。电磁频谱作为准备和保护作战的关键领域，是目前战争思维的聚焦点。电磁频谱管理也涉及网络和空间领域。网络中心战的概念已经确立，目前网络技术和数据分析的进展已经改进了这一概念基础。除了信息优势和信息化作战之外，网络中心战的第二个重要概念是联合作战，即多个兵种的力量结合。联合作战可以使用一系列并行功能，实现在战场上的共同目标。信息优势和联合作战的概念很好地结合在一起；实际上，它们中的每一个都放大了另一个的影响。信息优势是通过持续收集、过滤、分类和分析数据，以及相比对手更好地传播和交付数据来实现的。统一指挥、互操作性和互联性是与信息优势密切相关的问题，因为无论用户是谁，系统都应相互连接，信息都应以同样的方式被理解。早期对指挥控制概念的研究清楚地表明了进攻性网络行动对国家指挥和控制的威胁及其在交战组合中的威力。这项研究还提到自动化是决策制定的一个重要目标，但自主系统（如无人车或无人机）有待未来研究。战争的性质转变为一种复杂过程，参与者和资源可以通过各种方式被加以利用。因此，由于新的作战行动与以往相比非常复杂，网络中心战的部分优势已经丧失。

## 2.3  基于威胁的规划与基于能力的规划

基于威胁的规划依赖识别最重要的威胁，并通过制定对策和缓解策略来进行长期规划，以应对这些已知威胁。如果威胁组合保持相对稳定，基于威胁的规划可为已知威胁提供稳健的解决方案，但不一定适用于新的威胁和未知威胁。由于长期军事规划需要开发在未来几十年内服役的能力，不断发展的新威胁可能会带来挑战。因此，应采用模块化方法开发新能力，以实现新技术的集成和升级。图 2.1 展示了一个椭圆，显示了基于威胁的规划涵盖的对防御系统至关重要的最关键威胁，这些是防御系统的基本假设。从图 2.1 可以得出结论，基于威胁的规划聚焦的是对抗中的主要威胁和次要威胁。已知威胁 B 和威胁 C 在防御规划中得到部分缓解，但防御系统不主要关注这些威胁。这里有一个已知的威胁 A，经评估，它在战场上具有一定程度的突发性，但与军事能力最重要的主要威胁和次要威胁相比，它最终被认为是无关紧要的。尽管规划是基于对主要威胁和次要威胁的分析，但这些威胁总是有超出规划范围的部分。还存在未被考虑的未知威胁，因为它们在规划过程中未被识别。

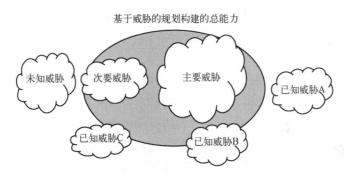

基于威胁的规划构建的总能力

图 2.1　在复杂威胁空间中基于威胁的规划过程示例

与基于威胁的规划不同，基于能力的规划旨在创建可在多种条件和多用途任务中使用的通用能力。在不断变化的威胁环境中，基于能力的规划可能包含可以适应不同情况的元素。如果基于能力的长期决策所创建的能力不能覆盖新的威胁，并且能力组合的适应性有限，那么基于能力的规划的最重要方面就会丢失。根据定义，基于能力的方法可能比基于威胁的方法对未知威胁有更好的效果。另外，基于能力的方法可能不如基于威胁的规划表现得好，因为后者是基于对最重要（战略上的）已识别威胁的准备。图 2.2 呈现了一个椭圆，显示了基于能力的规划对防御系统最一般威胁的覆盖范围。可以看出，基于能力的规划减轻了不同程度的一般威胁。如果该过程设计得当，并多次迭代考虑未来任务需求的有效性，大多数一般威胁可能会被减轻。基于能力的规划可能不会完全覆盖威胁，可能仍然存在未知威胁。

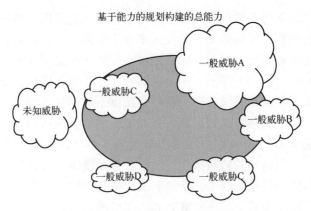

图 2.2    在复杂威胁空间中基于能力的规划过程示例

## 2.4    指挥与控制视角下基于能力的规划和基于威胁的规划

这两种类型的规划在许多方面涉及指挥与控制能力以及军事通信。指挥链的规划与实施，是建立防御系统整体能力的重要因素。如果军事通信以威胁为基础进行规划，那么在为不同情况下的行动准备自己的技术、战术和程序（techniques，tactics and procedures，TTP）时，就要考虑到最重要威胁的通信和电子战设备。这些技术影响双方的指挥链，必须结合部队结构对其进行分析。从表面上看，基于威胁的通信规划似乎是静态和单一的，但实际上它可能包含不同的创新方法，可根据当前形势改变结构和行动。如果一个军事组织除了维护国防、执行国际行动、支持民间社会和政府安全之外还有其他任务，那么当局可能会有不同的要求，这些要求与为应对最重要的威胁而开发的能力不匹配。能力是以系统和子系统的某些功能为基础的，而系统和子系统是根据通常由背景、威胁、能力差距或机会定义的要求实施的。

通信技术和概念也可以应用于其他领域（空军、海军、联合），但本章主要针对陆军领域进行描述。作为非机密且公开发行的资料，本书并未涉及任何国家的真实力量结构以及特定的国防材料。这里介绍的典型力量结构具有普遍性。每个国家都有独特之处，但本书并未对这些特性进行深入分析。部队结构决定了军队如何根据预期的任务、行动和职责在物资和人员方面进行组织。

根据本章先前介绍的防御能力规划模型，基于威胁的通信规划可能意味着规划通信技术，以便在预期的作战和作战环境中高效运行，并针对频谱特定部分中敌对情报、监视、目标捕获和侦察（intelligence，surveillance，target acquisition，and reconnaissance，ISTAR）与交战作战的不同特性采取行动。

基于能力的指挥与控制和通信技术规划，意味着为具有不同需求、支持部队、威胁和作战环境的行动做好准备。尽管基于能力的规划可能包括针对最重要和最可能的行动确定优先级，但基本思想是提供本质上通用的能力，而不是针对特定威胁的能力。通用能力的理念有助于指导满足各种作战需求。

在基于威胁和基于能力的规划中，频谱监管的意外变化可能会对军事频谱的有效和长期利用带来挑战。因军事通信技术历来具有较长的寿命周期，这就导致需在新设备的支持下使用各种传统通信设备。不同的军事单位可能使用不同的技术，因此有必要通过支持不同类型接口和标准的统一接口设备将这些系统连接起来。这些多技术通信须使用频率管理方案进行实现，部队也必须接受相应的训练。

描述军事活动有多种模型或架构。一方面，不同的军事功能区域负责这些区域内的资产、任务和指挥开发；另一方面，需为具体需求与成功执行采购流程、项目而创建相应的框架。除了能力和架构之外，在考虑采购对军事任务、资产和部队的影响时，通常还需评估一些关键项，属于条令、组织、培训、物资、人员、领导和教育、设施和互操作性（DOF-MPLFI）的范畴。还有一些替代定义在 DOT-MPLFI 的末尾添加一个 P（表示政策）。

最后，这两种规划模型都代表了军事活动的各个方面所需满足的军事要求，其目标是全面涵盖部队和能力组合，以弥补或缓解最关键的不足或能力差距。

## 2.5　作战视角下的关键军事定义

军事组织学为部队结构提供了一个框架，该框架（除作战环境外）确定了部队指导其作战行动以支持任务目标的基本原则。

战斗序列（order of battle，OOB）包含军事组织的层级、指挥链、作战人员和物资的数量以及他们的特定单元。OOB 描述了指挥链中各单位的职能和其他单位的支持角色。当前的 OOB 可能会根据任务经验，随着执行任务需求和威胁演变而改变[2]。

军事力量结构是按部队的等级分组来定义的，其组成及其与其他部队的联系对战场通信解决方案有影响。通常，军队组织的层次按从大到小的顺序排列：师（1 万~2 万人）、旅（5000 人）、营（500 人）、连（100 人）、排（30人）和班（10 人）。较大规模的组织由不同数量的下级单位组成，例如，一

个连可能由 4 个排组成。这些单位的结构可能会有很大不同，例如，A 国的营
与 B 国的营就有很大不同。不仅下级单位的组织因国家而异，支持营级任务
的单位类型在职责上也有所不同[3]。

图 2.3 为蓝军和红军类似军事组织的层级结构示例。BRG 代表旅的最高
指挥级别，BTN 代表低一级的营，C 代表连。连又被进一步划分为较低层级单
元，其中指挥官的指挥线直接指向连组织单元。

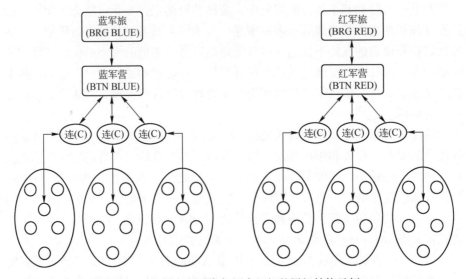

图 2.3　蓝军和红军类似军事组织的层级结构示例

有机能力、单元或资产在高效运行的较大军事单位中提供已集成的功
能，因为有机元素已经参与了以往的任务，并在军事演习中得到了训练。一
方面，如果这种静态组织在多变的使命任务中运行，而有机部队在这些使命
任务中发挥的作用不如在其他任务中那么核心，那么有机部队可能会使后续
的任务复杂化；另一方面，有机单位在可发挥其专门能力的任务中可能会表
现出色。在未来的复杂任务中，如果参与单位以前没有在共同演习中接受过
训练，那么在开展联合行动时，几个专业军事单位的整合就会出现摩擦。为
了在未来战场上维持军事能力，需要针对作战需求的技术解决方案。如果没
有彻底分析技术替代方案，新的技术力量倍增器也可能会带来额外的有机
单位。

电子作战命令（electronic order of battle，EOB）描述了作战区域内的发射
机或发射器的位置、运动、在军事组织中的作用、网络结构以及不同节点之间
的通信带宽，可以为特定节点的某类型功能与职责提供证据[2]。

指挥链是指接受上级指挥官命令，向下级指挥官和战士下达命令。技术进步会给指挥链的应用带来巨大挑战。在现有指挥链被打破，对新情况适应能力有限的情况下，这一点更为明显。因此，只要传统指挥结构控制着指挥部队的范围，新的通信技术就不一定能显著提高军事能力。

## 2.6　联合能力领域

面对任何任务，军队都需要掌握环境、敌方位置、敌方能力与可能行动、我方位置以及战斗力状况，并掌握弹药水平、战士健康状况、支援部队，以及执行目标所需的后勤能力。任何任务都需要的一个关键能力就是通过通信和网络设备指挥部队。除 C2 外，成功执行任务所需的其他能力如下[4]：

（1）需要战场空间感知或态势感知来探测关键要素（地理特征、己方/敌方/中立方在战场上的位置，以及限制备选作战方法的武器系统在战场上的位置）。

（2）C2 代表由指定指挥官或决策者在执行任务时，对附属部队和资源行使权力与指导职能。

（3）以网络为中心的功能为人力与技术的连接性与互操作性提供一个框架，允许用户以正确的格式可信、及时地执行信息共享，同时防止信息进入意外方。

（4）部队支援代表一种职能，用于确保部队的建立、发展、维持、管理和随时待命。

（5）保护提供了防止与限制对己方部队与友军及有形资产攻击产生不利影响的能力。

（6）部队的应用整合了在不同环境中进行的机动和交战行动，这样做旨在产生完成任务目标所必需的效果。

（7）通过在近距离和远距离作战中共享国家和多国资源，为联合部队提供后勤项目和维持后勤支持，同时为联合部队指挥官提供必要的行动自由，以实现任务目标。

（8）与合作伙伴、竞争对手或对手领导人、军事力量或民众互动而建立伙伴关系，通过开发和提供信息来影响他们的观念、意愿、行为和能力。

这些能力代表了根据美国国防部联合能力区（joint capability areas，JCA）框架改编的功能联合能力区[4]。一些互联网文件提到了建设军事能力框架。JCA 框架将每种功能划分为更细粒度的军事功能，此处暂不讨论。如果查看能力领域列表，C2、网络中心和建立伙伴关系与军事通信要求最相关。从整个任务的角度考虑军事行动，很明显其他能力也很重要，特别是当预想作战节奏、战场态势、部队运用和保护方面的作战预案与指挥官当前面临的情况不一致时。

## 2.7 确定最重要需求的联合能力领域

能力框架有助于将军事任务和功能分成不同的类别。然而，当能力区域和实际战场系统之间建立联系时，它们可能显得复杂，因为在衡量作战系统性能时，能力区域并不独立。

无论应用领域如何，安全都是每个任务所需的最基本能力领域之一。如果总部、战斗机、军事车辆、后勤仓库、频谱或网络不安全，那么在执行主要任务时存在很高的失败风险。所需安全级别因行动而异，但一般来说，必须具备标准安全级别才能有效和高效地开展行动。

军事职能按秩序组织，C2 是继安全之后的下一个级别。还有其他几个候选领域，但其余的能力领域都需要 C2 才能有效地利用。有人可能会争论，安全是否必须由上而下进行管理。这在一定程度上是肯定的，但安全仍可以视为一种影响深远的通用能力，它构成了从安全方面开展军事活动的基线。有了安全和 C2，是否需要以网络为中心的能力，将指挥扩展到战场上最远的位置，这一点就很清楚了。负责 C2 的指挥官需要了解战场，以及关于蓝军、敌对势力、环境因素和地形概况等信息。因此，战场空间感知在能力分类中排名第三。未来军事行动将是快节奏的，需要将重要事件、变化等通知分散在战场上的部队，并执行 C2，因此将以网络为中心的重要性提升到第四位。

剩余的能力列表放在第五位。令人惊讶的是，包括机动和交战在内的关键军事力量应用能力，在列表上却排在最后。力量应用包括使用关键资产，因此显然必须了解战场上的局势，部队必须了解他们在行动中的作用和任务，以及对当前行动计划的更新。部队力量应用需要广泛的后勤能力，此外还需要与后勤链密切相关的伙伴关系、企业管理和支持。后勤链必须在动能和非动能交战中得到保护，同时要考虑到与后勤链相关的每个国家和外国私营公司。这让我们回到了能力层级体系的开始部分，并阐明了为什么安全被提升到能力层级体系的顶端。即便是这个顺序也包含了能力领域之间的联系，例如，力量应用下的机动和交战可以用于安全措施，可以将一个通用的使能安全作为第一项能力，并与每个能力领域密切相关的安全形式分开。

## 2.8 未来战场上的军事通信场景

在考虑第 9 章中的通信替代方案时, 应以未来战场虚拟军事通信情景 (将在 2.8.5 节中介绍) 作为基线。军事场景介绍代表了对主要威胁的虚构描述, 可从基于威胁或基于能力的角度进行考虑, 因此与 C2 环境中的能力规划密切相关。应注意的是, 虽有些个例可能是主要威胁, 但还需考虑其他场景, 因为不可能为每个任务购买不同的 C2 系统。基于场景的评价是描述长期作战环境的重要工具, 在理想的应用场景中, 情景分析法能够准确描绘出设备在不同作战环境中运行的关键特征和需求。然而, 这种方法的局限性在于它过于依赖当前和固定的部队结构来预测未来情况。因此, 除技术发展之外, 部队编组和结构还需要具备一定的灵活性、适应性和可扩展性。总的来说, 基于场景的评价应聚焦于两种方法:

(1) 评估未来作战力量结构及指挥技术替代方案的影响;

(2) 评估适用于无固定地点或网络接入的单兵 (或战斗小组) 的技术替代方案。

本书探讨两种应用情景: 一是任务顺利执行, 依赖固定结构的常规作战; 二是作战人员或作战单元以灵活方式操作、以特别方式连接到其他单位和设施的非常规作战。本书聚焦于农村、郊区及城市军事行动, 未涉及大都市和特大城市。预计未来 20 年内城市化将加速, 城市战场可能性增大。重型装备如坦克在城市中效用有限, 更适用于偏远区域。城市环境可利用民用网络, 但信号拥堵, 若传统指挥链失效, 需创新通信手段。技术发展为新旧装备的应用提供了新机遇。

C2 结构应从整体角度考虑。应用某些通信技术会对移动性、保护、数据传输速率、范围和支持提出要求。不同通信技术替代方案应适应预期作战环境, 因作战环境和技术快速变化, 自适应、可扩展和认知系统日益重要。在认知系统完全成熟前, 需增强通信系统灵活性以应对战场变数。本书后续章节将深入探讨非标准通信环境下的通信挑战。

各部队间可能失联, 在作战行动中, 前出部队需向后续蓝军部队传递当前战术形势和战场环境的情报。其关键因素包括:

(1) 固定通信基础设施的可用性;

(2) 与地面通信、飞机、无人机平台、航空器或其他形式中继站战术数据链的可用性;

(3) 对蓝军的直接或间接威胁程度;

（4）向其他作战单元传输信息的可用时间（安全性）；

（5）可传递信息平台的可用性，无论是空中还是陆地，这些平台必须安全往返于目的地，同时考虑其风险程度与所传递信息的重要级别相匹配；

（6）在指定地点安全留置信息，以便蓝军能够通过增强现实技术进行识别和读取。这样做存在两个主要风险：一是蓝军可能无法成功检测到这些信息；二是敌方可能截获并通过网络、电子战手段篡改这些信息，从而实施欺骗。

首先，考虑最大作战区域为 100km×40km。大型作战区域可能需要来自骨干地面通信网络或卫星通信网络的广域支持。如果考虑到旅级军事组织或作战人员数量较少的单位，这一区域完全在最大作战人员数量范围内。本书还通过将作战区域划分为三个部分来考察较小的区域。在这些较小的区域中，第 9 章涵盖了从通信角度执行作战的不同任务和要求。该场景使用多功能环境特征、不同的移动性参数、不同检测概率以及动能和非动能交战威胁，从不同的角度进行分析。该场景并没有像一些读者希望的那样深入，但会提出重要的特征和情况，为通信讨论留出空间。场景描述是虚构的，任何与现实能力、国家概况或地缘政治的相似之处纯属巧合。该场景是分析作战问题、C2 以及探索替代通信技术的工具。同样重要的是，描述和分析并不决定任何行动者最终是否会获胜。场景的描述是以应用为导向，旨在提出与通信有关的问题、要求、可能性和威胁，以便考虑在这些理论环境中选择 C2 的不同替代方案。

2.8.1 节~2.8.4 节从通信角度描述了不同环境下军事行动的特点。2.8.5 节中描述的未来战场虚拟军事通信场景，是第 9 章分析通信替代方案的主要工具。

## 2.8.1 无人区军事通信场景特征

在无人区的军事行动具有以下特点：

（1）行动环境中平民稀少；

（2）红军和恐怖分子无法在人群中隐蔽，除非伪装得非常好；

（3）通信流量极低；

（4）由于民用系统少，频谱管理的潜力大；

（5）蓝军的军用通信会被红军侦测到；

（6）电子战威胁高；

（7）通信传播特性具有挑战性；

（8）视距通信链路的使用取决于地形和实际情况，但选择最佳通信位置需要时间；

（9）除非作战依赖民用网络，否则对民用基础设施的攻击不会影响行动自由或后勤作业；

（10）与郊区和城市环境相比，隐藏平台、指挥中心和其他关键单位更具挑战性，且准备位置需要时间；

（11）通常无法利用民用网络进行通联；

（12）隐藏交战、监视和保护系统的挑战；

（13）检测地形和其他物体后方的（民用）无人机的挑战；

（14）由于地点偏远，距离后勤中心远，将资源送达最终用户困难（这要求后勤车辆适应不同地形条件）。

## 2.8.2　农村地区军事通信场景特征

在农村地区的军事行动具有以下特点：

（1）行动环境中平民稀少；

（2）红军和恐怖分子几乎不可能在人群中隐蔽，除非伪装得非常好；

（3）通信流量低；

（4）由于民用系统少，频谱管理的潜力大；

（5）蓝军的军用通信可能会被红军侦测到；

（6）电子战威胁高；

（7）有利的传播渠道特性；

（8）利用临时通信桅杆等设施，可轻松建立视距通信链路；

（9）除非作战依赖民用网络，否则对民用基础设施的攻击不会严重妨碍行动自由或后勤作业；

（10）与郊区和城市环境相比，隐藏平台、指挥中心和其他关键单位更具挑战性，且准备位置需要时间；

（11）在某些地点有可能利用民用网络进行通联；

（12）隐藏交战、监视和保护系统的挑战；

（13）由于缺少物体和建筑，能见度良好，有利于检测（民用）无人机（地形可能仍然限制监视）；

（14）距离后勤中心可能很远，但将资源送达最终用户更容易（这可能仍然要求后勤车辆适应不同地形条件）。

## 2.8.3　城郊军事通信场景特征

在城郊的军事行动具有以下特点：

（1）行动环境中有中等数量的平民；

（2）红军和恐怖分子可能在人群中隐蔽，并在隐蔽位置开展行动；

（3）通信流量适中；

（4）由于民用系统的数量众多，频谱管理面临挑战；

（5）蓝军的军用通信不易被红军侦测到，因为频谱使用密集；

（6）电子战威胁适中；

（7）传播渠道特性具有挑战性；

（8）利用视距通信链路有难度，但与农村地区相比，通信位置更加安全；

（9）对民用基础设施的攻击会因交通堵塞、大规模人群、事故和灾难而妨碍行动自由或后勤作业；

（10）郊区环境提供了隐藏平台、指挥中心和其他关键单位的可能性；

（11）大多数地点有可能利用民用网络进行通联；

（12）隐藏交战、监视和保护系统的挑战；

（13）在建筑物之间检测（民用）无人机的挑战；

（14）距离后勤中心较近，但如果主要道路拥挤或被摧毁，将资源送达最终用户仍然是一个挑战（这可能仍然要求后勤车辆适应不同地形条件）。

## 2.8.4　城市军事通信场景特征

在城市的军事行动具有以下特点：

（1）操作环境中有大量平民；

（2）红军和恐怖分子有更大可能在人群中隐蔽，并在隐蔽位置开展行动；

（3）通信流量大；

（4）由于民用系统数量众多，频谱管理面临挑战；

（5）蓝军的军用通信不易被红军侦测到，因为频谱使用密集；

（6）电子战威胁低；

（7）传播渠道特性极具挑战性；

（8）利用视距通信链路面临很大挑战，但与农村地区相比，通信位置更加安全；

（9）对民用基础设施的可能攻击会因交通堵塞、大规模人群、事故和灾难而大大妨碍行动自由或后勤作业；

（10）城市环境提供了隐藏平台、指挥中心和其他关键单位的可能性；

（11）多个地点有可能利用民用网络进行通联；

（12）隐藏交战、监视和保护系统的挑战；

（13）在建筑物之间检测（民用）无人机的挑战；

（14）距离后勤中心较近，但如果主要道路拥挤或被摧毁，将资源送达最终用户仍然是一个挑战（这可能仍然对后勤车辆提出要求）。

## 2.8.5　未来战场虚拟军事通信场景特征

本节介绍了一个虚构的军事通信场景，呈现了三个国家 A、B 和 C。红军代表 A 国，蓝军代表 B 国，绿军代表 C 国。A 国和 B 国在地理上毗邻，拥有 400km 的共同边界。沿着边界的地形多样，北部有高山，中部有湖泊，南部有几条河流。C 国地理位置位于 A 国和 B 国的东部，西北与 A 国接壤，西部和西南部与 B 国接壤。图 2.4 显示了虚拟作战区域的大型地图，包括红军、绿军和蓝军的领土，以及场景描述中蓝军领土的第一至第三部分和蓝军城市。

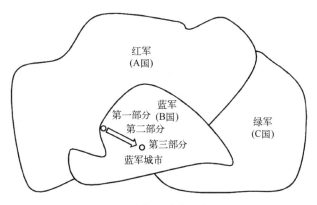

图 2.4　虚拟作战区域的大型地图
（根据场景描述执行任务和行动）

A 国是一个民主国家，但似乎正在向独裁政权转变。这个专制政党领导人在政府中拥有强大地位，并成功地向军事和安全部队投入了大量资金。几家私营公司也与政府有着密切联系，他们对政府的能力要求以及 B 国和 C 国目前的国防水平非常了解。B 国是一个有极端主义政党的民主国家，但极端政党活动受到限制，并未对国家的统一构成直接挑战。B 国在过去几年中持续投资于国防和安全领域，但其投入与邻国 A 国和 C 国不在同一水平线。C 国是一个民主国家，过去曾面临来自 A 国和 B 国的极端团体和小股反对派的挑战，这些团体和小股反对派反对现行政权。C 国在军事技术上进行了大量投资，但与 A 国和 B 国相比，其军力规模有限。C 国拥有现代化的军事能力，这在一定程度上弥补了兵力数量上的不足。这些社会与安全及军事力量相互联系，在 A 国、B 国和 C 国，民众普遍支持武装部队。安全和军事行为者为社会提供支

23

持，反之亦然。

在过去的几个月中，A 国和 B 国之间在多个层面上出现了紧张关系。A 国将 B 国和 C 国视为潜在威胁。由于信息领域、边界地区以及媒体关系中的多起事件，B 国被迫保卫其领土和主权不受来自 A 国的敌对行动侵犯。有报告称 A 国正在增强军力。根据报告，可能有一个旅正准备向 A 国与 B 国之间的陆地边界推进，另一个旅准备支援第一个旅的行动。由于预警较晚，B 国只够组织有限的营级部队前往 A 国与 B 国之间的边界。从初期的兵力数量上看，这个营级部队不足以将 A 国旅级部队退回 A 国。A 国的地面旅拥有包括机械化坦克连、情报、监视、侦察（ISR），电子战（electronic warfare，EW）地面部队，并得到空中和太空力量的支持，还有战斗工程兵连、炮兵和导弹部队、无人地面和空中连以及后勤连和其他几个支援单位。不仅情报监视侦察对防御作战构成挑战，远程导弹、空中资产和火炮以及网络和电子战能力也在许多方面限制了蓝军的行动自由。

在第一部分的领土防御战中，靠近 A 国和 B 国边界的 B 国领土内，蓝军发现了数起非法越境行为，并且红军军力的集结已经持续了数日。尽管边境安全人员的数量最近有所增加，但越过边界的人员并未被抓获。蓝军意识到红军可能发动攻击，并加快了部队的准备工作，以加强防御力量，在几天内迎战一个数量上占优的对手。蓝军迅速安排了几次军事演习，这些演习由于来自红军的威胁而受到限制。在蓝军之前的一次炮兵演习中，后勤运输到炮兵阵地的物资并未按预定路线到达目的地，由于某些原因，卡车走了更长的路线，弹药送达最终目的地后，物资报告出现了不匹配的情况并被记录和识别。最初责任归于配送公司的物流云软件，该软件是后勤链的一部分。后来，有报告称红军区域发生了事故。红军消息来源报告说，蓝军的炮兵阵地向红军的军事通信桅杆发射了几枚炮弹，造成了严重破坏。红军将此事件视为蓝军的挑衅行为，并在本地媒体上宣布，这似乎是蓝军限制边境附近 ISR 及通信能力行动的第一阶段。随着后续阶段开战的可能性增大，红军不得不采取先发制人的行动，以防止蓝军进一步的敌对行为。蓝军一直试图通过外交渠道和媒体报道澄清关于丢失和被盗炮弹的事情，但红军并未接受这些解释。C 国对这些事件感到惊讶，因为他们认为 B 国是一个文明和平的国家。由于 C 国对情况不确定，他们对这个问题保持中立态度，并认为在升级情况下 A 国更加危险，故开始在 A 国和 C 国的边界进行防御准备。由于 C 国军力有限，他们将重点使用高技术平台进行监视，以便更好地了解当前情况。

### 1. 第一天

前一晚，蓝军在民用网络以及军事指挥网络中出现了网络问题。在红蓝边界附近，数据速率低于正常网络容量，并且在某些地区根本无法接入网络。解决网络问题的检查工作正在几个关键点进行。远程雷达探测到了其他手段无法确认的假目标，这让分析态势图的部队感到恐惧，他们觉得不能依赖雷达网络。第一天早上，几个蓝军雷达站遇袭，这损坏了朝向红军力量方向的一些雷达。C 国借助卫星和高空无人机数据收集情报，提供了红军军力在蓝军边界附近增加的详细信息。在损坏雷达的首次空袭之后几小时，更多的空袭针对主要桥梁和一些基础设施展开，这制约了蓝军部队集结。图 2.5 描述了边境附近受影响的通信网络、空袭目标以及通往蓝军城市的道路方向。箭头表示通往蓝军城市的最快且最坚固的道路，可承载最重的军事车辆。从红蓝边界线以最快路线到达蓝军城市的距离大约是 100km。

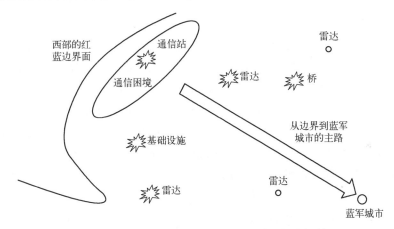

图 2.5　第一天后蓝军在其领土内的战斗损失评估

### 2. 第二天

在通过动能和非动能手段分布式接触预期目标之后的第二天早上，这些目标位于距边界 30km 的范围内，红军的机械化营得到了移动炮兵，情报、监视、侦察单元和电子战部队的支援，越过了西部的红蓝边界线。蓝军成功地将两个具有反坦克能力的步兵连、一个机械化营、野战炮兵以及支援工程、电子战和情报、监视、侦察单位投入行动。陆军战役指挥部和后勤中心已在作战区域的安全侧建立起来，并且他们的空中和地面防御已经有效地组织起来。图 2.6 显示了第二天后的情况。浅色点状椭圆形（左侧）代表作为大编队的红军部队，而红军编队右侧各种规模的蓝军部队单位由深色点状椭圆形表示。

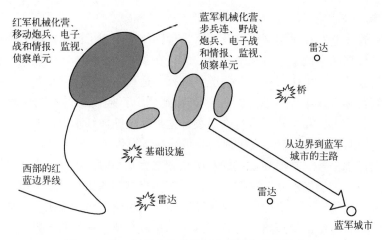

图 2.6　第二天后在边界附近作战的红蓝部队位置

### 3. 第三天

在作战区域，蓝军和红军发生了几次战斗。蓝军的防御行动取得了成功，但他们未能以与前一天红军相同的速度集结兵力。在更多连队能够投入战斗之前，大规模反击是不可行的。主要的蓝军部队已经成功地阻滞了红军的进攻，但一些部队已从主攻方向分散开来。战斗并没有按照蓝军的计划进展，战斗组织缺少了一些支持作战所需的单位。在第三天结束时，红军控制了蓝军境内一片狭长的土地，从边界向内陆延伸 50km，中小规模的作战无人机偶尔会飞越蓝军领土，大多数无人机携带情报监视侦察载荷，但一些平台可能携带动能或非动能交战载荷。蓝军有能力限制红军无人机的行动，但由于空中监视在空间和时间上都覆盖广泛，因此无法在静默中进行蓝军后续阶段的训练和安排。图 2.7 显示了第三天后蓝军和红军部队的情况。

### 4. 第四天

在第二部分从边境到 B 国（蓝军）中部的防御撤退战斗中，与红军相比，蓝军仍然缺乏力量，他们需要时间来加强防御。这将意味着在边境附近作战的部队必须在执行防御战时撤退，并允许红军跟随蓝军向该国中部地区前进。

新的蓝军作战单元在远离红军主要攻击方向的边境附近投入行动，他们的任务是观察红军在蓝军一侧的兵力集结情况，并对来自不同距离的部队侧翼实施有限攻击。这些在红军主要攻击方向之外作战的蓝军必须了解当前形势，同时也要知晓正在执行的当前计划以及短期内对这些计划的变更。一方面，他们必须限制通信以保持突袭的机会；另一方面，他们的位置非常有利于交战行动。图 2.8 显示了作战区域内蓝军力量的分布，以及远离主攻方向运作的新情报监视侦察和较小单位。箭头显示了第四天蓝军单位移动的方向。

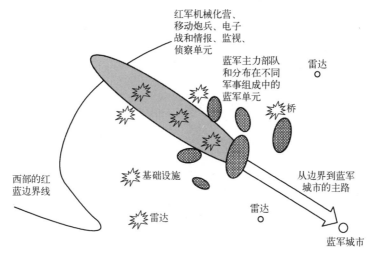

图 2.7　第三天后蓝军和红军部队的情况

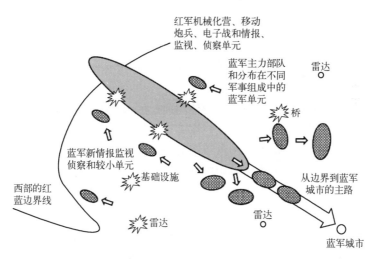

图 2.8　蓝军偏离主攻方向的撤退和 ISR 能力的增强

### 5. 第五天

蓝军可以通过使用几种方法限制红军攻击的速度，从而为军事集结争取更多时间。地面车辆的前进依赖可用路径的质量与数量，如果蓝军成功地将攻击重心放到破坏甚至使道路瘫痪上，这将为反击打开可能性。最佳选择将是保持蓝军在快车道上，并让红军在最慢的路径上忙碌，在其向主要任务目标前进时削弱其作战能力和持久性。因此，两组蓝军的角色是基础性的，因为红军的第二阶段和第三阶段攻击可能会绕过预先引导和封锁的路径，并以超出蓝军预期的速度向蓝军城市推进。图 2.9 显示了蓝军利用战斗工程能力和在关键点智能布阵的力量，将红军引向非最快路线，情报、监视、侦察单位移至更佳位置以控制边界和主要道路，以防后续红军的推进。

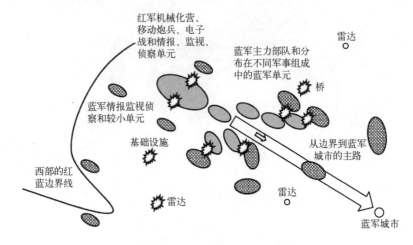

图 2.9　蓝军引导红军部队向不利路线移动，
以限制其前进速度，并从最有利的位置发动反击

　　蓝军各单元主要理念不同，因此使用通信的角度也不同。由于红军第一阶段进攻是在蓝军领土上进行，因此红军不可能拥有无限能力。蓝军可以持续使用通信，因为在目前环境下，地基电子战能力无法得到最佳利用。空基电子战则完全不同，所以必须考虑从空中到地面进行动能和非动能交战的可能性。由于这不是一本电子战的书，因此本书不会深入探讨该主题，而只考虑在这类场景中影响通信的一般问题。

### 6. 第六天

　　蓝军没有发现机械化营后面有几辆无人地面车辆（Unmanned Ground Vehicle，UGV），这些 UGV 已推进到蓝军境内。红军还调来一个无人机支援连参与进攻。中型和小型无人机已进入前线，提供 ISR 和 EW 支持，以侦察正在加强的蓝军部队以及在红军进攻前方几千米处撤退的蓝军主力部队。无人机用于战术和作战目的，图 2.10 显示了红军无人机单元加入前线作战，以及红军无人地面车辆单元越过边界作为后续部队跟随红军攻击编队的情况。

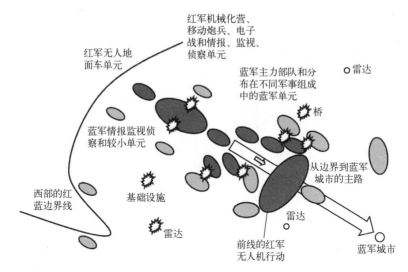

图 2.10　红军行动中的无人机和无人地面车辆单元

### 7. 第七天

在蓝军领土的第三部分，关键区域附近的防御战斗以及迅速转向进攻性反击行动中，蓝军已撤退至对蓝军至关重要的区域周边。该区域包含后勤支援中心，并在周围地区设有军事训练地点。由于蓝红双方的战争已经持续了一周，蓝军成功地将支援部队带到了该区域。

数次陆战、火箭弹袭击和空袭导致蓝军分散到整个地区，以免遭猛烈攻击，各个蓝军单元位置与最初作战计划中的不同。红军的攻击行动只有部分被引导至蓝军有利于反击的区域，这些反击可能会阻止红军的推进。在蓝军领土上，有一个红军旅呈狭窄线形从边界延伸至 B 国中心。C 国在空中对红军活动进行了全程监视和情报监视的侦察行动，这阻碍了第二个红军旅进入蓝军领土。针对蓝军基础设施、军事通信网络和蜂窝移动网络的行动，造成了严重的连接阻碍。网络只有正常网络容量的一半可用，因此，无法期待正常的作战数据运行能力。蓝军成功地对中型作战级无人机实施了反制，但随着红军部队接近蓝军防御的中心点，他们部署了小型战术无人机。这些小型平台既可以利用蜂群技术与类似无人机协同，也可以与其他载人系统合作。它们可以在不同的环境（室内和室外）中悄无声息地前进而不被发现，这对蓝军构成了威胁。然而，在中高风速条件下，这些无人机毫无用处。这是场景的最后一部分，红蓝双方的大部分部队都进入了蓝军区域的中心地带。以兵棋推演形式进行的红蓝对抗后续阶段被省略，上述 7 天的描述将在第 9 章中进行具体分析。图 2.11显示了红军攻击行动的最后阶段，因为一周已经过去，蓝军已将部队移至防御阵型以保护蓝城的周边区域。

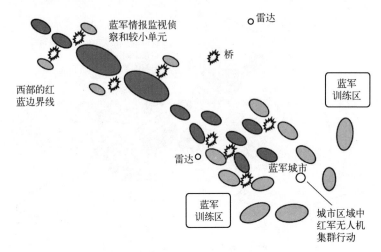

图 2.11　红军攻击开始一周后蓝城的战斗

# 参 考 文 献

［1］ Frater，M. R.，and M. Ryan，*Electronic Warfare for the Digitized Battlefield*，Norwood，MA：Artech House，2001.

［2］ Tolk，A.（ed.），*Engineering Principles of Combat Modeling and Distributed Simulation*，Hoboken，NJ：John Wiley & Sons Inc.，2012.

［3］ Bennett，R.，*Fighting Forces*，London：Quarto Publishing plc，2001.

［4］ Office of the Secretary of Defense，*Memorandum for the Vice Chairman of the Joint Chiefs of Staff*：*Joint Capability Area*（*JCA*）2010 *Refinement*，Department of Defense，Washington DC，April 8，2011.

# 第3章 通信系统

在任何军事行动中，通信技术、系统和基础设施都是有效指挥控制的基本要素。尽管本书分析了多种作战场景下军事行动的预案，但重要的是呈现通信系统的关键特性，以及当前或未来民用/军用通信系统的示例。

## 3.1 军事通信需求

因对安全性和稳健性的要求，军事部队历来需要专用的战术无线电网络。军事战术网络的缺点是在战术边缘缺乏已有基础设施的支撑。即使有大规模的固定军事骨干网，在商业上要将固定骨干网延伸到战场上的任何位置几乎不可能。

### 3.1.1 移动中的指挥

基于传统系统的战术军事网络往往不支持用户在战场上的移动。指挥控制网络的部署通常依赖提前建立的指挥节点，以保障移动作战单元的通信覆盖。虽然有些移动指挥解决方案已被使用，但随着当前军事技术的发展，移动性是未来网络的关键要求之一。未来战术无线电需要具备对移动性的支持，因此有机会利用商用通信技术，通过蜂窝移动通信或5G通信，使其在人口密集地区具有良好的覆盖。如果安全性和鲁棒性能够满足要求，那么基于民用通信基础设施构建战术通信网对于军队来说也是一种可选项。军事通信常采用的跳频通信模式在民用通信网络不常见，当前和不久的将来，不同模式扩频通信将成为通信系统新常态。扩频通信采用伪随机码和基于频域的频谱扩展，使其天生具备隐蔽性。

军事通信环境对通信设备提出了严格的要求，然而，未来不仅需要军用特定功能，而且需要商业通信大带宽高速率通信能力。本书聚焦陆军战术通信系统，但也可应用于空军和海军。本书未涵盖航天领域，尽管航天和航空之间的差异似乎在未来几十年会越来越小。

### 3.1.2　电磁频谱

电磁频谱的频率涵盖从 3Hz～300GHz。这个范围又可分为两部分：低频段（3Hz～3GHz），低频和高频段（3～300GHz）。无线电波和高频无线电波之间的区别在于，低频无线电波从电离层反射向地球，从而导致波距从 LoS 路径延伸，这种延长的距离称为无线电地平线，将在第 5 章中介绍。高频无线电波主要依赖视距传播，但仍受大气折射影响。3Hz～300GHz 的无线电频率可以进一步分为不同频段，例如甚高频（very high frequency，VHF）和超高频（ultrahigh frequency，UHF）。世界无线电通信大会（world radiocommunication Conferences，WRC）是关于无线电频谱使用的全球协议会议，每三年到四年组织一次，会议旨在有效利用无线电频谱，考虑多个应用领域的无线电频谱需求，并在全球范围内规范频谱的使用。国际电信联盟（international telecommunication union，ITU）理事会在大会议程修订以及 WRC 提案审议方面发挥着关键作用。WRC 是探索军事应用频谱需求的重要活动，因为商用通信频谱的需求仍在不断涌现。

### 3.1.3　可靠性与安全性

尽管民用通信市场正在将客户引入始终连接的状态，但对于军事而言，使用尽可能低的射频（radio frequency，RF）发射功率或静默方式进行安全通信仍然很有意义。在固定频率上使用高发射功率极易被敌方侦收，可以使用扩频技术代替。除此之外，还有以下几种低功率传输备选方案：使用有源和无源射频识别（radio frequency identification，RFID）解决方案、无线传感器网络、部署基站、设备对设备（device-to-device，D2D）、多个频段并行传输以及传统的有线通信。可以综合使用新兴通信手段和传统通信手段，例如光通信以及其他不会产生电磁辐射的方式，包括按照约定将消息留在某个地理位置或使用无人平台传递消息等。

本书聚焦采用创新和鲁棒的军事通信手段，确保在非常规和不可预见情形下的通联。现有分层军事网络按照特定用途规划设计，通信双方按照约定的通信协议和网络架构进行通信。为建立贴近实战的通信连接，需进行冗余设计，比如综合采用有线连接、卫星通信或不同频段的替代通信方案。目前软件无线电和认知无线电解决方案并没有在军事中广泛使用，这些连接需要专用的终端。

就有线通信而言，即时通信需要固定的基础设施，而接入点之间的路由数量有限，在战场环境中可能会遭到破坏。在无已有基础设施的情况下临时建立有线连接需要时间，而建立的连接越可靠、越能抵御战火，建立连接所需的时间就越长。还可使用空中、平流层、空间或视距光通信等手段来提供通信基础设施。在应用之前，应当对这些通信手段在不同场景下的使用风险和收益进行评估，提供贴近部队实际使用场景的仿真结果。从战略层面考虑，平时需为极端情况做好准备，但由于国防预算有限，面面俱到往往不现实。

目前使用的几种通信系统具有不同特性和表现。典型的无线通信系统是蜂窝移动系统、点对点系统、点对多点系统、多点对多点系统、无线传感器网络和移动自组网。蜂窝移动系统基于基站网络和固定基础设施，为用户提供在基站覆盖范围内的访问接入服务。点对点和点对多点系统通常利用具有传输信号指向性的微波链路，除了向移动用户提供覆盖外，基站也可以利用这些模式。点对点系统也可以在蜂窝系统中实现，其中基站之间以 D2D 通信的形式建立直接通信链路。

## 3.2　通　信　链　路

通过电磁手段远距离传递命令、消息和报告，必须要有与发射机相关的信源和与接收机相关的信宿。通信系统可以分为单工通信系统、半双工通信系统和全双工通信系统三类。一个通信系统向一个方向传递消息，称为单工通信，简单传感器或无线广播系统是单工通信系统的典型代表。半双工通信系统，在两个方向上都有通信信道，但一次只能激活一个方向，半双工通信系统的典型代表是个人移动无线电（personal mobile radio，PMR）。全双工通信系统可以同时在两个方向上进行通信，目前的蜂窝移动系统是全双工通信系统的代表。在半双工和全双工通信系统中，通信模块被称为收发器，因为它同时具备发射机和接收机的能力。

通信系统由发射机、接收机和连接收发双方的通信媒介组成。通信媒介可以是有线的，也可以是无线的，有线通信利用铜线、电缆、双绞线或光纤传递信息，无线通信可以用不同的波长来实现，不同波长决定了在不同条件下可实现的性能。与有线通信不同，无线通信系统可以利用可见光或不可见光传递信息，这种类型的无线通信系统在军事通信系统中并不常见。不过，如果发射机和接收机之间的天线能够实现精准指向，并改善恶劣天气条件下链路质量的下降，那么从长远来看，定向天线可能会发挥关键作用。与典型的全向天线系统相比，定向天线的精确指向可降低通信易受窃听和干扰的风险。

通信链路从信源开始，向遥远的接收者（即信宿）发送信息。待传输信息可以是不同类型，如数据、话音、图片和视频等。利用目前技术，这些都可以数据形式进行数字传输。通信设备可分为基带设备和射频设备两部分。在基带设备中处理的信号覆盖了 0Hz 附近的低频信号，而射频设备处理的信号在较高的频率。各种类型信号所需的频谱宽度不同，与期望数据率和信噪比两个参数有关；带宽越大，在有用信号上累积的噪声就越多。信号可分为窄带信号和宽带信号两类，窄带信号通常是音频信号或不需要像宽带信号那样的高数据率的信号；宽带信号通常是视频信号，例如，随着人们对视频流和数据流的需求逐年增加，4G 蜂窝移动通信长期演进（long term evolution，LTE）技术系统主要处理宽带信号。由于通信信道在向接收机传输信号的过程中扭曲了信息并增加了噪声信号，因此信号需经过几个数字信号处理步骤，以支持远方的接收机成功接收信号。虽然这些处理步骤是有效的，但是需要在发射机和接收机之间采取一些方法来提高传输质量。在军事应用中，窄带信号相比宽带信号存在以下优点：首先，信息被合适地编码并以标准形式发送，则这些传输就不像其他数据密集型应用那样需要太多的频谱资源；其次，这些短消息以不同的频率发送，避免了互相干扰。

就模拟和数字分离而言，信号在到达天线时需要经过两次模拟和数字转换（模数（A/D）转换和数模（D/A）转换）。如果信源在本质上是模拟的（如麦克风或传感器），则从传感元件得到的测量值被转换为数字形式。通信链路中信息的准确性要求会影响数据量，并增加设备成本，因为高精度转换器往往非常昂贵。第二个转换发生在数字基带和射频的边缘，其中数字调制信号被转换为模拟信号，并混合到更高的频率，使之适合发射机天线和传播信道特性。数字基带模块使用信源编码、信道编码和符号调制来处理信号。信源编码对输入比特数据进行编码，以更紧凑的形式保存数据，并从输入信号中删除部分信息（例如，在话音编码中，尽管在信源编码过程中删除了部分频谱，但不影响结果）。信道编码为实现纠错带来附加信息，以克服在发射机和接收机之间的传输媒介中增加的噪声。调制模块将来自信道编码器的输入数据转换为表示波形参数（如频率、相位和振幅）的特定波形，而不是前面传输的比特数据。这些符号参数通过 D/A 被连续转换，将模拟波形输出到射频模块。根据发射机的类型，模拟波形被混合 1 或 2 次，以达到适合发射机天线元件的更高的载波频率。除了混频到中频和载频外，还有许多滤波模块，用以滤除传输中不必要的频谱部分[1-2]。

由于频谱资源有限，新的通信系统面临着频谱效率的挑战，这意味着必须使用最小的带宽资源传输尽可能多的数据，频谱效率的单位用 b/（s·Hz）表示。通过改变幅度、频率和相位中的一项或几项来调制需要在高频载波上传送的信息。调幅（amplitude modulation，AM）使用了调制信号最高频率的两倍带宽。调频（frequency modulation，FM）根据两个频率之间的偏差和比特时间长度，在载波信号上下产生多个频率信号。数字调制的同步策略和适当的滤波限制了对频谱资源的过度使用。二进制相移键控（binary phase shift keying，BPSK）和正交相移键控（quadrature phase shift keying，QPSK）属于相位调制，它们都是频谱高效调制方法的代表[2]。

发射机和接收机天线之间的通信信道是一种极具挑战性的介质，其高效运行需要在滤波、信道估计、载波同步、定时同步、处理 MIMO 系统中的多个并发数据流、干扰容限和噪声处理等方面取得进展，这些操作都需要强大的处理能力，得益于微电子技术在小型化、存储容量、工作频率和能源效率方面的发展，庞大的全球市场和移动通信公司之间的竞争限制了这些尖端产品成本的增长。无线信号在不同的通信媒介和不同的频率下，受到的影响不同。无线电信号被发射机和接收机之间的距离所减弱，除衰减外，还存在由设备、天气条件和其他地面特性引起的噪声，接收机周围的设备会无意或有意地造成干扰。图 3.1 描述了发射机 A 向接收机 B 和接收机 C 发送消息的情况，因发射机 A 使用的是全向天线，所以发送的消息可被在发射机通信范围内的其他一跳邻居节点接收。同样地，也可以从另一个角度来考虑，其中发射机 A 正在向期望接收机 B 发送消息，但没有意识到非期望接收机 C 也能在通信范围内接收消息，非期望接收机 C 可能有一个更复杂的接收机系统，有着更高的接收灵敏度，所以它可在更远的距离上接收来自发射机 A 的信息。

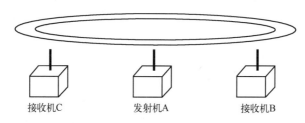

图 3.1　全向天线通信覆盖范围图

## 3.2.1　发射机

发射机是射频电磁波的来源，射频波受当前应用中多种不同参数的制约。信息（数据）通过基带模块处理后传送给发射机，发射机用信息调制载波产生适当的载波频率，执行必要的过滤过程，经射频功率放大器进行功率放大至射频输出。天线组件与射频输出相连接，将输入的功率信号转换为从天线辐射到通信媒介的电磁波，这一过程将受到电缆损耗、干扰和发射机非理想特性的影响。天线的极化方式决定了在天线周围水平方向和垂直方向的辐射模式。天线可以是全向的，理想情况是向每个方向辐射相等的功率，或者是引导无线电波到特定方向的定向天线。实际上全向天线不可能向每个方向产生同等功率水平的射频信号，但是接近理想状态。全向天线用于不需要区分方向的通信场景中，如移动自组网（mobile ad hoc networks，MANET）。使用定向天线，电磁波可以较高的功率发送到指定的方向，但它需要收发天线的对准机制，发射天线应使其辐射保持在要求的频率范围内，且不会对发射频率附近的频段造成干扰。图 3.2 展示了两个装有定向天线的通信桅杆之间的视距链路图[3]。

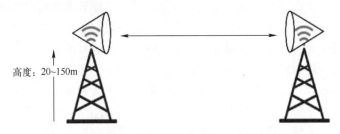

图 3.2　配备定向天线的通信桅杆之间的视距链路图

## 3.2.2　接收机

射频接收机的各个功能模块在通信链路中具有不同的作用。射频部分接收电磁波信号，经过滤波、放大、下变频等功能模块将原始信号从载波中分离出来。射频接收机应具有良好的选择性，以接收所需的频率范围，并在整个带宽上保持每个窄通道的选择性特征尽可能相似。当然在实践中，对每个通道的响应完全相同是无法实现的[3-5]。

有许多类型的接收机，但最常见的一种是超外差接收机。远距离无线射频信号沿传播路径到达接收天线时，接收信号功率水平将会被衰减到非常低（如-90dBm）。接收机天线与处理接收到的射频信号电路相连（如通过使用滤波器结构限制接收的频率范围）。接收频率范围是衡量接收机性能的指标之一。滤波后，射频放大器在有限的工作频率范围内将低电平射频信号提高到更高的功率水平。射频放大器的工作频率范围越大，价格越高。由于不是所有的应用都需要宽带放大器的性能，因此使用适合特定用途的放大器是明智之举。在射频放大器之前可能预设增益控制器，以保护敏感的接收机元件不受天线中可能收到的异常高的射频功率电平的影响。作为射频放大器的一种，低噪声放大器将射频信号提升到噪声基底以上，以提高信噪比，而不向通信链路注入过多的噪声。放大后的射频信号会再次经过第二级滤波器，即镜像滤波器。它有几个要求，衰减杂散接收器响应和抑制谐波频率，以保护后续混频器免受谐波频率的过度影响。接收机有一个本地振荡器，产生中频（intermediate frequency，IF）信号，混频器通过将射频信号和中频信号求和或者作差来实现混频。中频滤波器将产生的和差分量滤波后送入中频放大器，该放大器将信号放大到更高的水平，以便在信号处理的后续阶段进行信号解调。中频信号在混频器输出中被搬移到一个较低的频率，具有与射频信号相同的特性。可能还存在多级变频，将第一个中频信号再次转换为较低的中频信号。

## 3.2.3 扩频通信系统

与固定频率系统相比，扩频通信系统在传输通信信号时利用了更大的频率带宽，扩频信号的带宽比扩频信道的信息速率大得多。扩频通信系统通过在噪声阈值以下传输信息来保护通信信号，提升低截获（low probability of intercept，LPI）概率。典型的扩频通信系统包括直接序列扩频（direct-sequence spread spectrum，DSSS）、跳时扩频（time-hopping spread spectrum，THSS）、线性调频扩频（chirp spread spectrum，CSS）和跳频扩频（frequency-hopping spread spectrum，FHSS）。在 DSSS 中，信息调制到伪随机码上，由于码片速率高于信息速率，因此产生了宽带 DSSS 信号。处理增益是通过在宽频谱上扩展信号实现的，这提高了 DSSS 信号的信干比（signal to interference and noise ratio，SINR）。DSSS 有很多应用，例如，应用于码分多址（code division multiple access，CDMA）、IEEE 802.15.4 和卫星通信系统中。再如，如果不同的用户使用不同的代码，CDMA 允许在他们之间共享频率信道。由于伪随机码对频谱中的每个用户来说都是唯一的，因此预期的传输可以被期望的扩频接收机拾取。接收机产生一个本地伪噪声（pseudo noise，PN）码，与收到的扩频信号进行自相关运算，解扩得到非扩频原始信号[6-8]。

FHSS 根据由不同机制生成的跳频图案生成跳至不同频率的通信信号。FHSS 系统也被归类为宽带系统，因为跳频范围所在的整个频带与典型的定频系统相比非常宽。在跳频扩频系统中，发射机和接收机与跳频图案同步，而跳频图案只有通信系统中的预期参与者知道。因此，网络安全特征对通信系统的脆弱性水平有很大影响。由于通信信道仅在以伪随机方式选择的频率上短时间活跃，因此对于敌方接收机来说，很难获取通信信道当前所在的频率，并在时域内向该信道发送干扰信号。跳频频点越多，跳速越快，FHSS 系统对外界干扰的鲁棒性越强[6-8]。

伪随机码使时域内的信号看起来像普通噪声，这种噪声在每个通信系统中都是普遍存在的。与定频系统相比，扩频通信系统具有更强的抵抗噪声干扰、人为干扰和信道衰落能力。扩频通信系统的安全性通常与伪码和逻辑频率的生成有关。根据安全功能和伪码的知识，扩频接收机将接收到的类噪声宽带扩频信号进行相关处理，并从信号中提取信息。扩频通信系统在多径衰落条件下具有良好的性能，因为时延信号与原始 PN 信号的相关性不高。一些类型的接收机可以利用接收信号中的多径分量，通过设置接收机的加权因子来提高接收机性能。

### 3.2.4　天线

前面我们已经简单地介绍了发射机和接收机的特性，下面简要叙述天线的特性。天线是一种由导电材料制成的元件，具有发射和接收电磁波的能力。天线的大小和结构决定了其电磁特性，这些电磁特性可用于电磁波的传输和接收。输入天线的电压信号被转化为电磁波，电磁波的电场和磁场分量相互垂直，并与天线传播波的方向垂直。这同样适用于另一个方向，其中入射电磁波在天线元件中被转换为电压或电流。天线有不同的类型，通常分为全向天线和定向天线。全向天线在天线周围向多个方向辐射电磁能量，定向天线将电磁波的能量集中到某个方向或扇区。各向同性天线是一个理论概念，其中天线应该在天线周围的每个方向上辐射等量的能量。真实天线的天线辐射方向图可以在水平面和垂直面上表示，天线方向图包含主瓣、副瓣和后瓣，其中主瓣是辐射能量最多的方向，在通常情况下天线方向图很少是对称的。副瓣和后瓣通常是实际应用中不需要的方向，其消耗的能量本可以集中在主瓣上，以将更多能量辐射到所需方向。天线是多个传输线，电压信号在这里形成能量递增和递减的模式，并根据天线的尺寸而变化。经过精心设计的天线，最大电磁能量被引导至半波偶极子天线的两端，从那里辐射到天线的周围。

天线增益通常用 dBi 表示，dBi 的参考基准是各向同性天线的分贝值。各向同性天线的增益 1 相当于对数尺度的 0dB。半偶极子天线在与天线长度垂直的方向上的增益为 2.15dBi，然后逐渐下降，直到入射波的角度与天线长度平行为止。有时，天线增益用 dBd 单位表示，dBd 值中的数字是以偶极子天线的增益为参照的。dBi 和 dBd 可以相互转换，两者的关系为 dBi＝dBd+2.15。天线具备收发互易性，意味着天线可以在收发两个方向上工作，既能够发送通信信号又能够接收通信信号。单极子天线是一种直线天线单元，其长度为载波信号波长的 1/4。当工作在高频段时，单极子天线长度适宜，能够在天线周围形成全向电磁辐射；当工作在低频段时，天线就会相当长，需要支撑结构保证其在任何天气条件下稳定工作。折叠偶极子天线和不同形式的环形天线常用于需要控制辐射方向的场合。

天线辐射分为近场区和远场区，物体从近场区移动到远场区，电磁场具有复杂的特性。从天线位置到远场的距离由天线的物理尺寸决定，通常情况下，射频测量在天线远场区进行。近场区到远场区转换的临界值，是由弗劳霍法（Fraunhofer）距离定义的，如式（3.1）所示：

$$d_{Fr} = \frac{2D^2}{\lambda}, \quad d_{Fr} \gg D \text{ 且 } d_{Fr} \gg \lambda \tag{3.1}$$

式中：$D$ 为天线的最大尺寸或天线的直径；$\lambda$ 为传输信号的波长。要正确应用式（3.1），Fraunhofer 距离必须远大于天线最大尺寸和传输信号波长。

不同类型的天线具有不同的特性，这些特性决定了它们在不同应用中的适用性。天线增益不会增加电波的强度，而是在总辐射能量保持不变的情况下，将能量集中到某些方向。天线的频率带宽代表可以发射或接收到的频率范围，前提是在各频点满足天线增益、方向图和电压驻波比（voltage standing wave ratio，VSWR）等性能要求。天线的极化是指电磁波振荡的平面。由于天线对极化方式敏感，通常发射天线和接收天线都应具有相同的极化方式。如果接收天线相对于入射电磁波的极化未对齐，则接收天线中的信号电平不会达到最大值。此外，从发射天线到接收天线路径上的反射也会改变电磁波的极化[9]。

## 3.3　通信系统典型代表

为了解通信系统的不同特性，本节通过几个示例简要介绍通信系统。LTE 和 WiMAX 就是远程蜂窝系统的例子，它们也可在较短距离内使用。战术无线电是作为一种通用的军用无线电引入的，它不代表市场上任何当前的系统，通用收集的数据来自多个公共来源，此处未列出其市场名称。ZigBee，作为近距通信系统的一个示例，可应用于无线传感器网络（WSN）或物联网平台。调制和编码对不同信道条件下的频谱效率、范围和可达数据速率有影响。大多数当前的通信系统采用自适应调制方式，可以根据信道条件平滑地改变服务质量（QoS）参数。如果支持多种波形，系统就可以使用不同的频段（窄带或宽带）传输，甚至在某些频率无法使用的情况下，以不同频率传输相同的数据，以提高传输的鲁棒性。未来，除了典型的垂直指挥架构外，相邻单位之间可能还需要横向交换信息。旅级以下部队行动节奏的加快将比过去更需要移动指挥功能。因此，当作战焦点在作战区域不断变化时，为了实现高效指挥，需要不断改变指挥所和总部之间的指挥位置。通常，旅级指挥所和营级指挥所之间需要强大的通信能力支撑，因此综合采用有线通信、卫星通信或微波通信进行保障。广泛使用的 IP 通信是当前和不久的将来战术通信的新标准，数据、视频和话音通信在 IP 层上传输。传统的军事通信技术无法提供未来作战任务所需的高数据容量。微波链路本质上是定向视距通信，其传输不容易中断。为了保证微波通信站点之间的视距通信，必须使用桅杆将微波天线抬升到树木等障碍物上方。如果战术视距无线电设备安装在桅杆上，与无线电设备靠近地面、天线位于桅杆顶端的情况相比，可以避免过多的电缆损耗。

由于 VHF 频段（30～300MHz）比 UHF 频段（300～3000MHz）具备更好的无线电传播特性，故常被用作许多战术无线电的收发频率。安全和稳健性要求会限制可实现的最大数据传输速率，有些旧版设备无法提供高数据传输速率。在高频（high frequency，HF）频段（1.8～30MHz）下工作的军用无线电可以传输更远的通信距离，但电离层中不同的信道条件会影响通信性能，需要用专业知识评估。军用和民用领域不断增长的传输速率要求提高了 UHF 频段的吸引力。在 UHF 频段下，天线高度低于 VHF 无线电，但由于无线电波传播特性比 VHF 频率差，故 UHF 天线需要借助高地、桅杆或飞行平台抬升高度。在 3～6GHz 的微波频率下，高架微波无线电链路是主流，它利用定向天线来提高通信范围并减轻通信介质的衰减效应。

### 3.3.1  军用通信系统

战术无线电通常以三种形式出现：手持无线电、背负式无线电和车载无线电。手持无线电发射功率较低，在有限数量的作战人员中提供非常有限的通信覆盖范围。背负式无线电发射功率中等，能保障作战人员之间几千米范围内的通信。车载无线电发射功率大，可以提供 10km 范围内的通信保障，与手持无线电和背负式无线电相比，车载无线电不依赖电池供电，而且可以提供多种天线选项。

在 30～108MHz 的频率范围内，典型的手持无线电和背负式无线电发射功率为 5～10W，通信范围为 2～5km，支持多挡传输速率（1.2kb/s、2.4kb/s、4.8kb/s、9.6kb/s、16～60kb/s）。同一种无线电的车载版本可以提供相同的传输速率选项，但具有更高的发射功率（50～100W）和通信距离（5～10km）。

一些战术无线电能够在很宽的频率范围内工作，例如 30~900MHz 手持机，发射功率为 5W，具有 12.5kHz 和 25kHz 窄带通道以及 500kHz 和 1.25MHz 宽带通道。在 200~500MHz 的频率范围内，手持无线电和背负式无线电的发射功率分别为 2W 和 5W。2W 的手持无线电可在开阔地带提供 1~2km 的通信保障。50W 车载无线电在开阔地带可提供 10km 的通信保障。这些无线电设备支持 5M 信号带宽，可以传输 4~8Mb/s 的 IP 数据。在 1.35~2.7GHz 的频率范围内，军用无线电的发射功率为 5W，最大通信速率为 10Mb/s。军用 LTE 可在从基站到用户终端的下行链路方向上提供最大 150Mb/s 的数据速率。在 4.4~5GHz 的频率范围内，军用无线电能够在 20~40km 点对点通信场景中提供 20~200Mb/s 的数据速率。在这种情况下天线增益一般会超过 15dBi，本地通常具有有线、无线等多种连接选项。

根据广泛的公开资料，在通信应用中，通用接收机的最低灵敏度接近 -100dBm。在最低灵敏度级别下，可以使用 QPSK 等低阶调制方式。一般而言，为了传输更高的数据速率，正交振幅调制（Quadrature Amplitude Modulation，QAM）等高阶调制是必需的，这样就需要接收机留出 20~30dB 的额外灵敏度余量。许多军用无线电也使用跳频模式，并提供一定的跳速，为无线电提供更多保护。工作在较低频率的无线电有大量的频道可供选择，因为每个频道都很窄。由于有大量不同的信道可供选择，因此在低频下没有必要使用最高跳频速率。本书没有深入研究军用无线电的特点，而是集中在 3.3.2 节特性的呈现上。

## 3.3.2 短距离民用通信

除了军用无线电外，这里简单介绍民用通信系统的特性，详细内容见第 9 章。

在短距离无线通信技术中，ZigBee 工作在 868MHz、915MHz 和最常见的 2.4GHz 频段，可用于 WSN 和 IoT 应用。在较低频率下，可实现 20kb/s 的数据速率，而在 2.4GHz 频率下为 250kb/s。ZigBee 的发射功率可选 1mW 和 100mW，提供通信范围为 10~100m。蓝牙 4.0 提供 1Mb/s 的数据速率和 100m 的通信范围，蓝牙 5.0 提供 2Mb/s 的数据速率和 200~400m 的通信范围。在 5GHz 频率下运行的 Wi-Fi 设备，通信距离为 50m，而 2.4GHz 设备的通信范围为 150m。Wi-Fi 可以在通信范围内提供数十兆比特的数据速率。5GHz Wi-Fi 使用的最大发射功率为 20dBm（100mW），而 2.4GHz Wi-Fi 使用 14dBm 的发射功率。

### 3.3.3 远距蜂窝通信系统

过去，WiMAX 和 LTE 就第四代蜂窝移动通信系统的技术路线和发展方向展开了争夺，最终 LTE 成为胜利者，但当时已经开发了几个 WiMAX 系统。WiMAX 基站的传输频率为 2.3GHz、2.5GHz、3.5GHz、5.8GHz，发射功率为 43dBm（20W），WiMAX 用户终端的发射功率为 23dBm（200mW），WiMAX 典型通信能力是 10km 以内，通信速率达到 10Mb/s。LTE 在之前的战术无线电部分中提到过，700~2600MHz 的黄金工作频率为提升通信容量提供了许多解决方案，LTE 基站的发射功率通常为 61~64dBm，LTE 终端发射功率为 23dBm。

# 参 考 文 献

［1］ Pu, D., and A. M Wyglinski, *Digital Communication Systems Engineering with Software-Defined Radio*, Norwood, MA: Artech House, 2013.

［2］ Frenzel, L., *Electronic Design Library Focus on Wireless Fundamentals for Electronic Engineers*, Electronic Design, Penton Media Inc., 2017.

［3］ Winder, S., and J. Carr, *Newnes Radio and RF Engineering Pocket Book*, Third Edition, Woburn, MA: Newnes, 2002.

［4］ Dahlman, E., et al., *Communications Engineering Desk Reference*, San Diego, CA: Academic Press, Elsevier Inc., 2009.

［5］ Fette, B., et al., *RF and Wireless Technologies-Know It All*, Burlington, MA: Newnes, Elsevier Inc., 2008.

［6］ Carlson, A. B., P. B. Crilly, and J. C. Rutledge, *Communication systems An Introduction to Signals and Noise in Electrical Communication*, Fourth Edition, New York: McGraw-Hill, 2002.

［7］ Proakis, J. G., *Digital Communications*, Fourth Edition, Singapore: McGrawHill Book Companies Inc., 2001.

［8］ Rappaport, T. S., *Wireless Communications-Principles & Practice*, Upper Saddle River, NJ: Prentice Hall Inc., 2002.

# 第 4 章　态势感知和情境感知

态势感知和情境感知是关键术语和概念，与能力规划、战场环境、战场人员、战场事件感知，以及基于信息分析的当前形势感知密切相关。在联合能力区（joint capability areas，JCA）模型中，态势感知与战场空间感知相对应，并涉及相似能力。态势感知可以用一系列行动来描述，旨在表征关注区域内发生了什么，存在哪些类型的行动者（敌对的、友军的和中立的），他们位于何处、具备什么能力、地理特征是什么，以及这些特征在不同天气条件下如何影响各种行动者的机动性和速度。态势感知依赖传感器的测量数据以及对敌我双方的技术、战术和规程的掌握。上述信息，结合情况预测和指挥官个人经验，共同影响着蓝军和红军下一步行动的决策。

## 4.1　情　境　感　知

相比态势感知，情境感知更侧重于通过人工和计算手段理解用户或终端在不同环境下的行为，这个术语常被从事用户界面研究的人员使用。

当前手机设计能够收集内部传感器数据，从而理解用户情境并据此调整手机状态。

情境感知的概念源于马克·维瑟对泛在计算的研究[1]。除了 21 世纪初众多创新示范外，情境识别在军事领域也有应用。情境可视为用户设备基于内外部参数及用户历史和当前行为对现状的感知，为了实现情境感知，用户设备需要多个与情境相关的信息源，包括以下方面：

(1) 地理位置；

(2) 用户在当前位置、附近区域的过往行为；

(3) 邻近区域其他用户和物体的存在；

(4) 用户偏好；

(5) 日期和时间；

(6) 可用的本地和在线信息资源；

(7) 向感兴趣的在线社区请求信息和支持；

(8) 用户状态（如工作或空闲）；

（9）行动池中的高级别任务、行动和计划任务；

（10）可用的军事支持；

（11）态势感知、预警、防护等其他军事相关状态信息。

我们看一下这份与战场上的单兵作战人员有关的信息源清单，就会发现非常需要一个与通信网络连接良好的功能强大的用户设备。然而，实现顺畅、精确且低延迟的情境感知非常困难。为了最小化对网络连接的依赖，在执行内部机器学习任务的同时，用户设备需借助本地传感器、数据库及与邻近设备的短距离连接，这无疑需要大量的算力和能量。情境更改可以作为外部命令来执行，但如果用户设备必须与情境更改命令的发出者进行协商，提供使情境更改命令失效的内部状态信息，则需要额外时间。情境感知不只是数据收集的过程，还涉及相关参与者建模、理解以及传递与情境相关的信息。

情境具有多个层次，从简单的用户移动模式识别（如站立、行走或跑步）到复杂的情境，后者需要多个参数来准确判断，如未来自主系统所需。早期研究依靠多传感器数据来识别简单情境，而现代技术已能在单个多传感器设备中实现这一功能。特别是在军事应用中，任务中的用户角色本身可以作为一个过滤层，从广阔的情境信息中提取、保存和可视化相关数据，从而加快决策速度、提升决策质量。

情境感知应用能够展现实体的各种状态，这些实体包括战士、战场位置、智能机器、物体或虚拟对象。情境感知已在商业和虚拟军事训练中得到应用，但将其大规模部署于实际战场以支持人工智能作战仍需时日。在军事领域，情境感知利用个人训练水平、教育背景、经验、团队状态、参数数据库、历史背景数据、位置信息以及局部行为体和环境感知为增强态势感知提供重要机遇。

应对在增强现实（augmented reality，AR）和人工智能（AI）支持的情境感知方面的网络安全威胁，关键是保持对多种信息源的开放性而非完全依赖单一信息源。敌对行动常针对特定信息源，而非全面干扰。现代智能手机集成了众多传感器，具备计算能力，并支持各种无线通信技术，因此成为用户界面和情境感知研究的重要推动力。

在军事应用中，可利用士兵装备中的众多传感器来分析其状态，或使用特定地点的传感器节点提供精确的位置详细信息，以增强态势感知能力。例如，如果能将来自多名作战人员的传感器数据汇总并融合，那么声学、加速度、化学、生物、放射和核（chemical, biological, radiological, and nuclear, CBRN）传感器将提供宝贵的信息，从而丰富对作战区域态势的理解。对移动传感中的情境感知进行深入研究，提出了面向未来军事应用的重要挑战和问题。

## 4.2 在基于位置和增强现实的应用中与智能对象交互

随着移动通信技术的迅猛发展，用户界面与交互设计研究取得了显著进步，这些研究的价值很早就被认可。手机作为全球范围内最重要的终端设备，已占据了主导地位。在掌上电脑（personal digital assistant，PDA）和计算机盛行的时代，由于终端设备尚未普及，消费者研究受到阻碍，早期的交互研究也因此受到限制。如今，手机已集成了传感器，而商业应用主要针对特定领域。尽管如此，交互研究能力与 20 年前相比已有了显著提高。

在 21 世纪第一个 10 年，作者在芬兰技术研究中心获得了研究泛在计算、情境感知及环境感知的机会。在构建智能环境中，除了网络之外，对用户行为、手势、运动和交互的测量也被认为是关键问题，当时，这些领域的商业应用似乎非常遥远。下面将介绍商业应用与智能环境、智能对象或机器交互的各种方法。

### 4.2.1 智能对象近距离交互

与智能物体的近距离互动可以通过各种技术实现，从直接操作智能物体的用户界面，到近距离检测用户在物体附近的存在，以及提供基于位置的服务。简单的如 RFID 技术，通过标签检测和无线通信触发互动。智能对象可嵌入 RFID 标签，配合带读取器的终端设备，由蜂窝网络提供服务。更复杂的互动运用模式识别，解析人体身份、手势等，同时在显示屏上显示智能物体，以便在物理环境中轻松定位。如果智能物体不是固定在基础设施中，那么物体的移动、倾斜、晃动和旋转可能会改变交互环境。通常，与物体近距离的物理交互被认为是最直观的交互形式，这样用户就能真正掌握要处理的物品[4]。

### 4.2.2 智能对象短距离交互

短距离交互技术适用于用户检测，并可在较远距离进行智能对象互动。在多智能对象的区域，用户需直接选择特定对象进行交互。常用的指向性交互技术包括定向天线和光学连接。用户熟悉的电视交互形式包括使用遥控器指向电视，而带有视觉或红外光束的设备也符合这种形式。精确选择需要设备发射窄波束，而智能对象应具备广角接收能力以捕捉来自各方向的信号波束[5]。用户指向可通过集成网络摄像头的模式识别系统进行分析[4]。

### 4.2.3 智能对象远距离交互

与过去相比，远距离交互技术的进步使用户能够从更远的地方与智能对象进行互动。在这种交互模式下，用户通过应用程序访问和控制多个智能对象，而不需要考虑物理距离的限制。交互中可用对象的数量可能会给用户体验带来挑战，因为可用空间的数量可能会导致用户信息超载。这种类型的交互需要强大的过滤和分析功能，以限制广泛的可用选项。

如果用户允许通过网络分析进行特征分析，应用程序就会立即知道用户将要做什么。用户可以通过限制基于位置的选项来控制对象（例如，用户可以输入一个地理位置作为坐标，然后从位于同一坐标的多个建筑物中选择合适的建筑物）。一旦选择了建筑物，用户就可以看到多个可远程执行的操作，并在系统核实用户权限后进行操作。随着用户在设备列表中深入，可控制的设备选项也变得更加细致。最终，用户可以选择特定建筑内的特定房间，访问和操控此处的物联网设备。当前对物联网的研究热潮包含了这些元素，并且技术的不断进步为这些应用提供了更多的可能性。然而，物联网的增长也需要能源、网络安全和数据分析的支持。特别是当无数物体开始通过短距离和远距离通信技术报告它们的状态和服务时，将产生巨大的数据量，这对相关基础设施提出了更高的要求。

## 4.3 基于位置的增强现实应用

态势感知和情境感知是基于位置服务和增强现实应用的基础。增强现实技术将虚拟现实技术应用于真实的物理环境之上，并创造出互动功能，为用户提供与位置相关的交互式信息服务。除了联网的物理对象外，用户携带的终端也可能是互联的。用户可以通过分享关于某个位置应用的体验或更具体的信息来为这些应用增值。

为了构建复杂且多元的应用生态系统，需要有足够多的用户愿意贡献内容，允许应用访问他们的设备数据，从而在不断扩展的用户社区中创造价值。这些应用不仅需要与物理环境互动，也要与虚拟环境融合。

尽管在过去10年中，用户界面研究对公共场所的大型显示屏应用表现出了浓厚兴趣，但这些应用并未广泛普及，未能实现潜在的影响力。

随着智能手机在社会中逐渐普及，基于位置的应用在日常生活中变得极其实用，比如帮助我们规划前往未知地点的路线。全球导航卫星系统（global navigation satellite systems，GNSS）定义了现代社会的运行节奏，无论是影响全球供应链动态、同步联网设备时间，还是进行全球货币交易。这些系统在管理社会关键信息技术系统中起到了至关重要的作用。依赖太空资产来维持社会运转是各国普遍愿意接受的风险，几乎实时的功能感知能力被认为足以抵消卫星系统潜在的故障风险。为防备 GNSS 服务不可用情况的出现，已开发了多个备份系统。

现代技术的进步为这些替代系统的发展提供了支持，但如何找到一个准确和稳定的 GNSS 替代方案仍然是一个挑战。在泛在计算和环境智能的研究领域，已经设想了一个基于位置服务的未来，用户可以在其中获取特定地点的更多信息，并与物理及数字世界互动。基于位置感知的最简单形式是广告标签，它提供产品信息以及与在线购物和支持服务的连接。这种广告的一个关键特性是它可以服务于每个到访该地点的用户。

更为复杂的基于位置的服务能够无声地侦测附近的用户，并执行认证和鉴权功能，以确定用户是否有权使用该地点服务。这类服务在军事领域尤为重要，其中内置的安全功能确保只有授权用户才能访问机密服务。

## 4.4 军民两用人工智能支持的态势感知

传感器作为能够从环境中获取观测数据的关键器件，可应用于多种位置，如环境中、用户身上或是战斗人员装备的装置内。此前我们已经探讨了与嵌入式智能设备环境互动的各种方式，其中，借助基于人工智能的手势交互能实现更为复杂的交互模式。

基于网络智能的一个重要的应用案例是群体应用程序，即利用移动终端中的嵌入式传感器和基于网络的分析和可视化工具，从大量移动用户那里进行大范围的数据收集，以便从不同角度展示当前态势。这展示了商用通信设备的强大能力，与军用无线电的相应技术形成了鲜明对比。

在使用商用解决方案时，首先需要确保观测样本量足够大，以便分析特定现象。其次需要有方法鼓励移动用户允许其设备上的传感器被访问。这样的应用具备多种用途：不仅为军事和安全机构收集关键的传感器数据，也可以向公众传达社区内的重要事件信息。

为了维持高效的计算性能并减轻用户对隐私的担忧，对通过这种应用收集的信息应当限定在特定区域内进行分析。与其他科学分析关注长期数据不同，在军事和安全领域中，分析通常聚焦于当前或近期事件。

## 4.5 提升态势感知能力的情境感知军事增强现实应用

前面内容讨论了态势感知和情境意识的相关问题。虽然军事通信可以从这些应用中获益，但目前它们还未完全发展成熟。AR 技术在未来有提升作战人员和部队表现的潜力。接下来，将探讨两个最关键的技术方向。

### 4.5.1 基于增强现实的态势感知支持

首先，AR 技术能够通过在作战人员或平台的显示屏中加入虚拟对象和标记来增强对作战环境的视觉感知。这些对象和标记将被精确地定位，在同一屏幕上融合物理与虚拟环境中的特定物体、参与者和地点。在执行军事任务时，AR 应用需要具备极低的时延。例如，在 AR 应用中识别周边敌人的攻击可能需要 20s 的时间，但决策支持必须是实时的。还有一些事件的实时性要求并不严格。

目前的技术水平还不能满足最低时延的要求，除非极大地简化功能并加以限制。因此，除非有大容量网络的支持，否则一般的网络连接无法满足实时要求。在作战之前，可以将带有虚拟信息对象的丰富三维地图预先下载到用户终端上，这些虚拟信息对象对应于静态事物。但是，当用户和系统在野外部署时，带宽有限的网络可能无法实时更新动态对象。在未来 20 年里，很有可能实现首次近实时更新，随后实时更新也会成为可能。

目前，作战人员终端和平台终端需要来自网络的计算能力，因新能源技术的发展尚未达到能够将物理世界与快速变化的虚拟世界有效结合的操作时间和性能要求。支持性网络计算能力应该存在于本地网络中，因访问基于云服务的延迟太长，无法对事件做出迅速响应。

在战场条件下，战士能够直接观察当地环境。因此，一个排或连对局部责任区域的集体感知将具有显著作用。由于基于网络的操作始终伴随着潜在的网络威胁，通过在同一连队内部战士之间进行交叉验证，可以降低物理环境中虚拟对象和事件层被篡改的风险。识别实时增强现实何时变得不可靠非常难，因而只能使用连队中作战人员的本地观察。这一例子凸显了开发基于网络的 AR 冗余方案的必要性，如果 AR 连接到了拥有交战能力的自主平台，敌方成功的网络攻势将对 AR 和自主控制的任务构成严重威胁。

## 4.5.2　增强现实支持寻找通信机会

在军事通信方面，AR 技术可能成为与蓝军沟通的有效手段。通过在视野中显示关键点和虚拟对象，作战人员可以识别友军位置并利用这些点进行通信。然而，尽管 AR 技术具有潜力，但当前技术的限制意味着这一功能的实际应用尚需时间。因为即使对于当前的工作站来说，计算负担也很沉重。

最近对本地环境的三维映射研究，目的是准确预测覆盖范围有限、容易被物体遮挡但却能提供强大通信能力的极短波长通信技术的性能。这种类型的映射并不适合室外环境，因此必须进行一定的近似计算。

在计算通信选项时，需要结合多种信息源，如地形、地形剖面图布局以及发射机和接收机特性。此外，考虑敌方信号、天气状况和设备状态（例如，能源是否即将耗尽，典型能力是否有限，目前只能接收窄带等情况）也至关重要。替代通信方式，如民用或军用 LTE、战术无线电、物联网连接、无线传感网、浮空器通信或无人机中继等，可以根据数据容量、传输范围、丢失风险、交付时间和窃听风险等方面进行模拟和分析。

这些模拟工具通常侧重于无线通信，但从作战分析的角度来看，也可能有其他传递信息的替代方法。同样，这种通信仿真支持也应具有本地模式（如在认知无线电 CR 的情况下），每台无线电都将包含一个数据库，其中包含作战区域内的许可、非许可和军用频率。未来，当有多个共享用户和非许可频段用户时，CR 将以标准方式感知和使用频谱（无论当前是否有活跃的主用户或主用户不在），多个用户将争夺本地频谱使用权，众所周知的隐藏终端问题可能会导致频谱拥塞。因此，在本地运行环境中，一组 CR 终端可以共同创建一个本地无线电环境频谱，并积极与频率数据库进行比较。

到 2030 年之前，由于计算能力、网络和能源限制，战场设备可能无法执行复杂的模拟任务。因此，无人地面车辆（UGV）的使用可能会增加，它们不仅可以执行运输、爆炸物处理和情报监视侦察任务，还可以作为扫描、计算和通信的移动中心。配备扩展天线的 UGV 可以与其他地面或空中节点通信，帮助确定指挥所的最佳位置。

# 参 考 文 献

[1] Weiser, M., "The Computer for the 21$^{st}$ Century," *Scientific American*, Vol. 265, No. 3, Special Issue: Communications, Computers and Networks: How to Work, Play and Thrive in Cyberspace, September 1991, pp. 94–105.

[2] Sadler, L., et al., *A Distributed Value of Information (Vol) -Based Approach for Mission-Adaptive Context-Aware Information Management and Presentation*, US Army Research Laboratory, ARL-TR-7674, May 2016.

[3] Yürür, Ö., et al., "Context-Awareness for Mobile Sensing: A Survey and Future Directions," *IEEE Communications Surveys & Tutorials*, Vol. 18, No. 1, 2016, pp. 68-93.

[4] Välkkynen, P., *Physical Selection in Ubiquitous Computing*, Helsinki, Finland: VTT Technical Research Centre of Finland, 2007.

[5] Strömmer, E., and M. Suojanen, "Micropower IR-Tag-A New Technology for Ad-Hoc Interconnection between Handheld Terminals and Smart Objects," *Smart Objects Conference (SOC2003)*, Grenoble, France, 2003.

# 第5章　无线电波传播

第3章介绍了通信系统的核心模块，本章对收发机之间的通信信道进行深入研究。无线通信发射机、接收机和收发机都需要天线作为与外界的接口。天线不同，增益不同，通常发射天线和接收天线有着不同的天线增益。值得一提的是，各向均匀的天线方向图仅在理论上存在，实际上天线的方向图都是不均匀的。全向天线无须对准，在各方向上天线增益相同，而定向天线需要收发双方完成天线对准才能使用。对于定向天线，找到天线最大增益的方向对实现最远通信距离至关重要。从电子战的角度来看，定向天线比全向天线的抗干扰抗截获性能更强，因为成功的拦截和干扰都需要电子战设备位于收发通信方向上。了解无线电波传播机制对规划高效稳定的通信网络至关重要。原则上，高频段利于实现较高的数据速率，但在高频段运行的系统可能在发射功率、非视距传播路径、覆盖范围以及节点密度等方面面临挑战。

## 5.1　电波传播规律

当电磁波在通信介质中传播，遇到不同地形障碍、人造物体和材料时，会受到几种常见物理现象的影响。当电磁波遇到比自身波长大得多的宽表面或物体时，会产生反射。当电磁波遇到一个不可穿透的表面或尖锐的边缘时，会产生衍射现象，其生成的衍射波能够绕过障碍物，即使收发双方不存在视距路径，也可以实现信号的接收。当入射电磁波遇到尺寸小于或等于电磁波波长的障碍物时，电磁波会产生散射现象，使原本不能接收信号的位置接收电磁波信号。这三种现象会产生通信接收机中的小尺度衰落，而当发射机和接收机之间的距离增大时，大尺度衰落成为主导。由于发射机和接收机在复杂传播环境中移动，会对接收的射频信号功率电平产生影响，因此很难预测大尺度衰落和小尺度衰落现象。人们已经建立了不同的统计模型和经验模型来预测不同环境中的无线电波传播规律[1-2]。

天线接收到的信号叠加了直射信号（LoS）和反射信号（NLoS），叠加后信号强度可能增强也可能减弱，取决于反射波与直接波的相位差，具有特定延迟的强反射信号以及通信设备的高移动性可能导致信号干扰和失真。典型的通信信道包含瑞利信道、莱斯信道和高斯信道三种，瑞利信道仅由反射波表征，而莱斯信道同时包含反射波和直接波，高斯信道主要由直射波表征[2]。

## 5.2 通 信 频 率

种种现象表明，电磁波的波长在无线电传播中起着至关重要的作用。电磁波的波长由下式计算：

$$\lambda = \frac{c}{f} \qquad (5.1)$$

式中：$\lambda$ 为波长（m）；$c$ 为光速，取值 $3 \times 10^8$ m/s；$f$ 为频率（Hz）。

频率越高，影响电波传播的物体就越小。通信终端的小型化天线给用户带来了更大的便携性和移动性，但易受接收天线附近的小型物体影响。在低频段工作的通信系统由于波长较长，需要较长的天线，而天线长度过大（存在桅杆系统）会限制终端的移动性，反之亦然。但是低频段电磁波的传播能力要比高频段强。通信系统的设计，需要在频率、发射功率、信道容量、信号质量以及使用体验上取得良好的均衡。

第 3 章所描述的通信系统主要在频率范围为 30~300MHz（波长 1~10m）的 VHF 频段和 300~3000MHz（波长 0.1~1m）的 UHF 频段工作。战术通信一般不会采用超高频（super high frequency，SHF）频段，因为在大多数情况下无法保证存在直射路径。与高频带相比，VHF 和 UHF 频段通信系统在天线尺寸、可达速率和传播特性方面存在优势，其路径损耗主要是由地形地貌和障碍物引起的，而在 SHF 频段，天气情况和大气条件也会产生影响。

## 5.3 无线电地平线和菲涅尔区

视距传播路径可用无线电地平线和菲涅尔区来描述两者共同决定了有效覆盖范围和可靠性。无线电地平线是理论视距距离，仅与地球曲率和天线高度相关，与起伏的地形高度、人造物体或山丘、悬崖、山脉、森林、植被等自然物体无关。菲涅尔区约束了视距径的质量，当通过菲涅尔区来检测发射机和接收机之间的障碍物时，需要说明的是，发射机或接收机附近的障碍物的影响要大得多。这个特点可以通过在山丘后面放置一个通信站来说明，该通信站将极大地减弱敌方干扰信号传输。如果发射机和预期接收机之间的通信路径几乎没有干扰物体，那么通信站的位置非常理想，是因为它巧妙地利用了地形特征。通过利用地形，可以部分缓解通信系统局限性，但在双方对抗的战争活动中，选择最佳通信位置非常具有挑战性。

## 5.4　接收机灵敏度和服务质量

随着通信距离的增加，接收机收到的通信信号电平会降低，每个接收机的能力指标都是根据通信需求设计的。现代通信系统定义 QoS 表征传输速率和信噪比的极限性能，通过采用合适的调制方式匹配当前信号电平和信道条件实现。当发射机和接收机之间的距离过大时，收发双方无法在电磁频谱上感知对方，即使最先进的调制方式也无法提供通信传输服务。从网络中心战的角度，当处于网络边缘节点时，应检测通信链路是否可通，并通过其他可用路径进行路由。灵敏度是接收机的关键参数，定义为接收机实现有效接收的最低功率电平，单位为 dBm。只有接收信号电平超过接收机灵敏度阈值，接收机才能实现多种性能，比如导频检测与同步、收发两端之间建立有效连接并成功传输不同长度的数据。超过接收机灵敏度的那部分信号功率电平被称作接收机容限或链路余量。由于不同的可靠性要求以及不同设计参数之间的权衡，不同通信系统之间的链路余量不尽相同。通常，指定的灵敏度是接收电平的最低极限，但一些供应商明确了不同调制编码方式对应的灵敏度。如果想确定通信传输距离，除了发射机功率和接收机灵敏度，还需要明确更多参数。

## 5.5　无线电覆盖范围的粗粒度和细粒度计算

如果要计算通信覆盖范围，还需要知道天线增益和路径损耗等准确信息。在通常情况下，不需要精确的路径损耗数据，可利用带有误差的近似值进行估算。对通信信道三维精细建模的研究前期主要集中在室外通信，近期在室内环境中取得了新进展。随着仿真建模的精细化，特定地区天线覆盖范围的计算时间变得非常长，目前尚无法实现近乎实时的通信覆盖估计。通信接收方可以估计收发两端点对点的信道特性和传输性能，但无法估计更大范围的无线电环境。当前的通信信道模拟工具可以提供相当准确的路径损耗估计，因为它们集成了若干路径损耗模型，并且通过实地测量使得模型更加准确。通信覆盖范围的估计需要在估算时间和估算准确性之间进行权衡，非常准确的环境数据库一般不是开源的，而且只在特定时间内准确，因为信道环境受人为因素和自然因素的影响在不断变化。目前在民用领域，通信信道建模的重点集中在更高频率（如在蜂窝和短距离系统中，特别是在城市和室内环境中）。

# 5.6 无线电波传播方程和传播模型

本章的最后，按照由简到繁的顺序介绍几种信道模型，其将在第9章传输距离估计中用到。有大量文献评估了不同的传播模型，并介绍了基于分析和数值模型的实验测量结果。精确的信道环境建模是分析潜在通信机会的基础，但是在很多情况下，作战人员需要更快更直接的方法评估无线电覆盖范围，而这些方法也就无法做到像精细三维空间建模那样准确。在诸多信道模型中，自由空间损耗模型和平面地球模型不考虑地形、自然和人造物体对传播的影响，而Egli、Okumura-Hata 和 COST 231-Hata 模型能够表征地形和人造物体的影响。

## 5.6.1 自由空间路径损耗模型

自由空间路径损耗是描述沿 LoS 路径传播的信号衰减，该信号衰减不受路径上物体遮挡或物体反射的影响。通常适用于无障碍环境中的通信信道建模，假设在发送端和接收端使用各向同性天线，且不考虑地面反射信号的影响。各向同性天线是一种理想的天线，它能在各个方向上均匀地辐射电磁能量。各向同性天线的增益 1 相当于对数尺度的 0dB。自由空间路径损耗计算公式如下（dB）[3]：

$$L_{dB} = 32 + 20 \lg d_{km} + 20 \lg f_{MHz} \tag{5.2}$$

式中：常数为链路的几何特性；$d_{km}$ 为发射机和接收机之间的距离（km）；$f_{MHz}$ 为传输频率（MHz）。

## 5.6.2 平面地球传播模型

平面地球传播模型考虑了来自地表的反射，反射中产生的 180° 相位反转可能对接收信号产生很大影响。直射波减去反射波的能量就是接收机收到的信号电平。假设发射机和接收机之间的距离远大于发射机和接收机天线的高度，则可以应用式（5.3）来计算路径损耗[4]。

$$L_{dB} = 120 + 40 \lg d_{km} - 20 \lg h_{Tx,m} - 20 \lg h_{Rx,m} \tag{5.3}$$

式中：$d_{km}$ 为发射机和接收机之间的距离（km）；$h_{Tx,m}$ 和 $h_{Rx,m}$ 分别为发射机和接收机的天线高度（m）。

## 5.6.3 Egli 传播模型

Egli 传播模型适用于 30~1000MHz 通信频率和 1~80km 通信距离。Egli 模型的通信路径损耗可根据接收器天线的高度使用式（5.4）和式（5.5）进行计算[5-6]。

$$L_{Rx10+} = 85.9 + 20\lg f_c + 40\lg d - 20\lg h_{Tx} - 20\lg h_{Rx} \tag{5.4}$$

式中：$f_c$ 为载波频率（MHz）；$d$ 为发射机和接收机之间的距离（km）；$h_{Tx}$ 为发射机天线的高度（m）；$h_{Rx}$ 为接收机天线的高度（cm）。式（5.4）的前提条件，$h_{Rx} > 10\text{m}$。

$$L_{Rx10-} = 76.3 + 20\lg f_c + 40\lg d - 20\lg h_{Tx} - 10\lg h_{Rx} \tag{5.5}$$

式（5.5）中，各变量定义与式（5.4）类似，但是 $h_{Rx} \leqslant 10\text{m}$。

## 5.6.4　Okumura–Hata 传播模型

Okumura–Hata 传播模型是无线电传播研究领域最常用的经验模型之一，它基于 1968 年在日本的测量数据。该模型适用于以下场景[7-8]：

工作频段：150MHz～1.5GHz；

发射天线高度：30～200m；

接收天线高度：1～10m；

传输距离：1～10km。

城市环境、乡村环境以及开放环境下的平均路径损耗 $L_{dB}$ 可以使用式（5.6）～式（5.8）计算。

$$L_{dB} = A + B\lg R - E \tag{5.6}$$
$$L_{dB} = A + B\lg R - C \tag{5.7}$$
$$L_{dB} = A + B\lg R - D \tag{5.8}$$

式（5.6）～式（5.8）中使用的参数如下所示。这里没有给出大城市的参数，因为第 9 章中的分析只涉及中小城市[7-8]。

$$A = 69.55 + 26.16\lg f_c - 13.82\lg h_b$$
$$B = 44.9 - 6.55\lg h_b$$
$$C = 2\left[\lg(f_c/28)\right]^2 + 5.4$$
$$D = 4.78(\lg f_c)^2 + 18.33\lg f_c + 40.94$$
$$E = (1.1\lg f_c - 0.7)h_m - (1.56\lg f_c - 0.8)$$

式中：$h_m$ 为接收机天线相对于地形的高度（m）；

　　　$h_b$ 为发射机天线相对于地形的高度（m）；

　　　$R$ 为发射机和接收机之间的大圆距离（km）；

　　　$f_c$ 为载波频率（MHz）。

## 5.6.5　COST 231–Hata 传播模型

COST 231–Hata 传播模型通过使用式（5.9）中规定的 $F$ 和 $G$ 参数调整模

型，将 Okumura-Hata 传播模型扩展到 1.5~2GHz 频率范围。参数 $B$、$R$ 和 $E$ 的计算与之前的 Okumura Hata 传播模型类似。

$$L_{dB} = F + B\lg R - E - G \tag{5.9}$$

式中：$F = 46.3 + 33.9\lg f_c - 13.82\lg h_b$；$G = 0dB$，适用于中等规模城市和郊区的以下场景[9]：

工作频段：1.5~2GHz；

发射天线高度：30~200m；

接收天线高度：1~10m；

传输距离：1~20km。

本书没有考虑室内传播信道模型，而是专注于室外传播信道模型。本书的研究目标是通信替代方案的概念设计，而不是精确的工程方法。

# 参 考 文 献

[1] Andersen, J. B., T. S. Rappaport, and S. Yoshida, "Propagation Measurements and Models for Wireless Communications Channels," *IEEE Communications Magazine*, January 1995, pp. 42-49.

[2] Rohde, U. L., and D. P. Newkirk, *RF/Microwave Circuit Design for Wireless Applications*, New York: John Wiley and Sons, 2000.

[3] Parsons, J. D., *The Mobile Radio Propagation Channel*, Chichester, England: John Wiley & Sons Ltd, 2000.

[4] Adamy, D. L., *EW 103 Tactical Battlefield Communications Electronic Warfare*, Norwood, MA: Artech House, 2009.

[5] Egli, J. J., "Radio Propagation Above 40 MC over Irregular Terrain," *Proceedings of the IRE*, Vol. 45, Issue 10, October 1957, pp. 1383-1391.

[6] Delisle, G. Y., J-P. Lefèvre, and M. Lecours, "Propagation Loss Prediction: A Comparative Study with Application to the Mobile Radio Channel," *IEEE Transactions on Vehicular Technology*, Vol. VT-34, No. 2, May 1985, pp. 86-96.

[7] Hata, M., "Empirical Formula for Propagation Loss in Land Mobile Radio Services, "*IEEE Transactions on Vehicular Technology*, Vol. VT-29, Issue 3, August 1980, pp. 317-325.

[8] Okumura, T., E. Ohmori, and K. Fukuda, "Field Strength and Its Variability in VHF and UHF Land Mobile Radio Service, "*Review of the Electrical Communication Laboratory*, Vol. 16, No. 9-10, September-October 1968, pp. 825-873.

[9] European Cooperative in the Field of Science and Technical Research EUROCOST 231, *Urban Transmission Loss Models for Mobile Radio in the 900 and 1800 MHz Bands*, Revision 2, The Hague, September, 1991.

# 第 6 章    无线传感器网络

无线传感器网络（WSN）已成为研究的热点领域之一。军事组织将雷达视为一种特殊的传感器，它通过发射雷达信号并检测回波来确定目标是否存在于其波束范围内。除雷达之外，还存在其他多种低功耗传感器技术，这些技术在未来战场上的作用不容忽视。本章重点聚焦于工作频段较低且发射功率小于雷达的传感器。6.1 节介绍传感器网络的构建模块。6.2 节介绍不同类型传感器及其可测量的物理参数。6.3 节介绍无线传感器网络相关信息分析与态势感知。6.4 节介绍传感器网络采集信息在战场多方指挥中的运用情况。6.5 节介绍无线传感器网络能耗问题。6.6 节介绍无线传感器网络的安全性、鲁棒性与可靠性问题。6.7 节介绍作为无线通信网络核心的未来物联网技术。

## 6.1    传感器网络构建模块

在传感器网络的实现中，多种技术可被采用。鉴于在战场环境中，有线传感器布线困难，本节重点讨论 WSN。与依赖电缆连接进行通信的有线传感器网络不同，WSN 通过无线方式组织网络节点，这些节点承担不同的角色，包括作为被动数据收集器、形成连续多跳通信链路的节点、在 WSN 中管理特定区域的控制节点，以及在大规模网络中，将低端传感器节点的通信连接到更复杂、更大容量网络的网关节点。WSN 可以根据需要由这些不同类型的节点组合构成，以适应特定的应用场景：

（1）与静态传感器节点通信的静态网关/控制节点；

（2）与静态传感器节点通信的移动网关/控制节点；

（3）与移动传感器节点通信的静态网关/控制节点；

（4）与移动传感器节点通信的移动网关/控制节点；

（5）采用集体智能的移动和分布式传感器网关/控制节点。

系统设计、WSN 的管理以及所需技术，特别是在恶劣环境中的要求日益严格。无缝集成固定和移动设备，实现不依赖基础设施的联网功能，已成为传感器网络的关键技术和特有挑战[1]。传统的传感系统通常只进行低频次的测量（如每天一次），并将结果存储在传感器节点的内部存储器中。这些测量数据可以通过通信硬件传输至其他传感器网络单元，或者通过数据采集器、光纤链路或低功率无线收发器本地读取。另一些传感器在极短的时间间隔内采集数据，并定期或按要求将测量数据聚合成较大的数据块进行传输。传感器系统的这些局限性对其高效利用提出了要求。传感器节点间的通信可以采用不同波长的技术来实现，类似于战术无线电使用 VHF（甚高频）和 UHF（超高频）来增强通信覆盖范围和鲁棒性。由于能耗是主要考虑因素，大多数关于 WSN 的文献都是基于陆基 WSN 的研究。然而，随着技术的发展，近年来空中低能耗传感器也受到了越来越多的关注。

## 6.2　传感器类型

传感器是一种具有传感元件的设备，用于测量传感器周围环境中的物理量。测量结果与预编程参考电平或其他传感器测量数据进行比对，以剔除错误检测，测量值存储在传感器的数据存储器中。由于环境温度的变化可能会影响测量精度，因此有时需要对存储的测量数据进行校准或修正以确保准确性。传感器可应对敏感测量对象，同时能够杜绝或尽量减少环境和传感器设备中周围条件的不良影响。传感器节点特性包括鲁棒性、灵敏度、精度、高采样率和高动态范围。不同类型的传感器测量得到不同类型的物理量，并将其转换为易于信号处理系统处理的电信号。传感器可测量的参数如下所示：

（1）加速度；

（2）振动；

（3）定位；

（4）速度；

（5）运动；

（6）方向；

（7）声音；

（8）温度；

（9）湿度；

（10）接近度；

（11）压力；

（12）物质和气体的化学、生物性质及特性；

（13）电场与磁场；

（14）弹性，以及物体形状和大小的变化。

利用多传感器采集数据支持态势感知决策，可提高准确性，但代价是增加了系统集成及系统工程复杂性。传感器的选择（如手机）侧重具体应用，而特定的应用需求和对多种类型传感器的需求往往要求使用成本更高的专用设备。

## 6.3　传感器网络智能

WSN 涵盖了 6.1 节提到的所有案例研究，面临不同频率、不同技术体制的异构网络时，对网络中采集的数据进行分析将变得极其复杂[2]。随着网络中节点数量的增加，传感器管理成为一个挑战，特别是在 WSN 操作的某些频段需要通过退出频谱来确保主要用户能够访问时[3]。6.3.1 节和 6.3.2 节介绍了两个军事情报、监视和侦察的 WSN 示例研究。6.3.3 节介绍了几种传感器在军事应用中的具体应用情况。

### 6.3.1　无线传感器网络用于敌方车辆侦测的示例

在敌方车辆侦测的 WSN 示例（图 6.1）中，我们展示了监视和监测任务中 WSN 的应用概念：低功耗无线传感器节点被部署在描述的区域，远程数据融合中心通过传感器之间的多跳转发来收集检测信息和数据。在时间 $T=0$ 时，传感器 A 探测到附近有车辆出现，并将检测数据发送至最近的相邻节点 B，随后 B 节点沿路径 B—C—D—E 将消息转发到数据融合中心。在 $T=T_1$ 时刻，传感器 C 也探测到车辆并沿着 C—D—E 的路径传递消息给数据融合中心；同理，在 $T=T_2$ 时刻，传感器 D 通过 D—E 路径转发消息。在这个案例中，传感器间的消息传递都遵循相同的路由路径，但根据不同的时间点 $T=0$、$T=T_1$ 和 $T=T_2$，跳数有所变化。如果传感器节点 C 和节点 D 能够存储之前事件的若干消息，那么这些历史数据能帮助 WSN 分析错误报警的概率，并且过滤错误信息以免转发至数据融合中心。传感器节点可能具备不同的功能，传递的消息可能是音频剪辑、静态图片、振动检测或光束阻断检测等。一些高级的传感器节点甚至可能配备执行器，以便在区域内移动以获得更好的测量位置。尽管 WSN 的通信容量有限，存储和转发的概念在多跳 WSN 中仍适用，特别是战场通信终端需要通过受限频谱进行通信的场景。在这种应用中，一种策略是将来自战场通信终端的消息通过 WSN 节点传送到数据融合中心，后者可能有可用的频谱资源并通过其他信道转发消息。另一种策略是将消息暂存在特定的中间传感器节点，等待更有利的条件再将消息转发给目标通信终端或数据融合中心，这取决于军事网络中的优先级顺序。

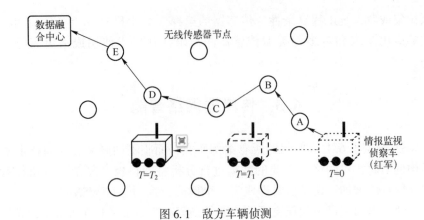

图 6.1　敌方车辆侦测

### 6.3.2　分布式无线传感器网络数据采集示例

图 6.2 展示了分布式 WSN 中的蓝军传感器数据采集模式。在这个场景中，无线传感器节点将数据和状态信息发送至移动数据采集车，后者在 $T=0$、$T=T_1$ 和 $T=T_2$ 时刻会处于战场上的不同位置并持续前进。这一概念虽然与载人军用车辆紧密相关，但数据收集平台可能是无人地面车辆（UGV）或无人机（UAV）。移动数据采集车可能具备与 6.3.1 节示例中提到的数据融合中心相似的处理能力，或者可以在数据收集完毕后，将累积的数据转交给更高级的态势感知中心进行进一步分析和处理。

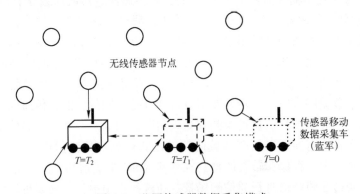

图 6.2　蓝军传感器数据采集模式

### 6.3.3　传感器网络智能化中多种传感器的应用

在前面的章节中，我们探讨了单个传感器的使用情况。然而，通过整合多个传感器，我们可以构建出多传感器节点。单个传感器能够执行特定的测量任务，而多传感器节点能够检测目标环境中的不同物理量，并利用这些收集到的数据进行综合智能分析。在多传感器系统中，某个传感器可能会发现其他传感器的检测决策有误，这进一步强调了单个传感器可靠性的重要性。当传感器在网络中协同工作时，邻近的其他传感器设备可以为其他多传感器节点的决策提供重要支持。在将数据发送至数据采集设备之前，先在本地进行多传感器分析是非常有益的。由于某些传感器数据可能会丢失，因此需要在数据采集设备和多传感器之间建立额外的通信连接，以确保数据的完整性。这一点尤其重要，特别是当一个原始传感器的可靠性受到其他多传感器设备质疑时。

## 6.4　传感器网络采集信息在战场多方指挥中的运用

正如前文提到的，传感器系统或网络的核心职能包括接收来自传感器的数据、对传感器进行指令控制、处理和分析数据，以及将数据或分析结果转发给网络中的其他实体，如数据中心、用户终端和数据采集设备。在许多传感器网络应用中，这些中间的数据采集设备通常被称为网关，它们的作用是将不同类型的通信链路连接汇总到数据分析和传输端，这一过程通常不发生在低功耗传感器所在的现场。数据采集设备可以通过有线电缆、光纤连接、光链路或无线通信来传送分析后的数据，其中无线通信可以利用更高的载波频率来实现更快的传输速度。这些元素共同构成了一个完整的系统，收集和分析传感器数据，并将结果传递给对等设备。

通过将传感器的实时位置信息纳入测量结果中，WSN 具备了基于传感器数据提供态势感知的能力。到目前为止，WSN 只覆盖了 OODA 环的前三个环节。通过在系统中加入执行器，可以填补 OODA 环缺失的"行动"部分。这种结合了执行器的系统可以用无线传感器和执行器网络（wireless sensor and actuator networks，WSAN）来描述。执行器作为系统的一部分，以执行设备的形式存在，负责接收消息并根据消息中的指令和数据执行相应的动作。执行器有多种类型，既可以是独立的设备，也可以集成在传感器或数据采集设备中。因此，WSAN 形成了一个反馈循环，执行器根据数据分析结果采取行动，同时传感器设备持续收集数据以供数据采集设备作出下一步决策。无论执行器的行动是否成功，或者是否需要对执行器进行更精确的控制，这一点都适用。

更高级的 WSAN 可以利用移动执行器来提高态势感知的可靠性，例如执行特定区域的监视任务，或将基于态势感知的行动导向特定的作战区域。随着 WSAN 的发展，它们能够自主执行任务，改善态势感知所需的决策支持，并让无人系统独立执行监控任务[4]。无人平台可以临时连接两个距离较远的地基

WSN，并在这两个网络之间交换本地态势图像。

## 6.5　无线传感器网络能源问题

能源作为一种稀缺资源，在使用中必须寻求平衡，以延长传感器电池的寿命。在不常进行数据收集的应用场景中，尽管传感器数据的采集具有重要性，但仍需考虑其对能源消耗的问题。当传感器数据在本地处理时，复杂的处理任务会大量消耗能量，进而限制传感器节点的运行时间。此外，如果将测量数据通过无线手段传输至数据采集设备，数据速率的提升、传输间隔的缩短以及传感器与数据采集设备间距离的增加，都会加速能量的消耗，从而进一步缩短传感器设备的寿命周期。因此，在设计传感器网络时，平衡数据处理和通信的能量消耗是至关重要的。

## 6.6　无线传感器网络的安全性、鲁棒性与可靠性

传感器设备的安全性、鲁棒性和可靠性是至关重要的，不能折中。在多跳网络中，增加传感器之间的跳数会提升网络管理和维持可靠性的难度。为了节省能源和降低网络的可探测性，可以通过较低发射功率执行传感器之间距离较短的连接，增加网络受到恶意攻击的难度。在安全性方面，如果传感器设备进行更多的本地处理和分析，就更需要保护设备免受恶意篡改和网络安全威胁。此外，当分析数据需要被传输到数据采集设备时，采用无线传输方式会使数据在空中传输过程中受到敌对干扰。因此，从安全性角度考虑，将原始数据而非分析结果传输至数据采集设备，并在后者上实施保护措施，通常会更安全。同时，在一个单一位置集中收集和分析数据可能会导致单点故障及系统瓶颈问题，应通过建立备份系统和创建冗余来降低这些风险。

## 6.7　物联网在无线传感器网络与通信中的作用

物联网已经成为近年来通信领域最热门的话题，它汇集了几十年来的研究成果，包括泛在计算、环境智能、情境感知以及智能机器与对象系统等领域。这些先前只能想象的应用现在随着技术和网络的显著进步而变为现实。然而，由于每个潜在的网络接入点都可能成为安全漏洞，因此网络安全尤为重要。物联网既可以看作通信解决方案和无线传感器节点，也可以看作与第 4 章讨论的

态势和情境感知主题相关联的智能对象。5G 网络未来将融合低功耗节点和高速通信终端，为物理世界与虚拟世界的结合提供新的可能。这一愿景在许多通信技术公司的规划中已经非常明确。

涵盖此领域的术语迭代如下所示：

（1）物联网；

（2）万物互联；

（3）全民互联；

（4）工业互联网；

（5）智能物联网；

（6）环境智能；

（7）泛在计算；

（8）无线传感器和执行器网络。

在相关文献中，这些术语定义各不相同，但它们普遍指向智能网络这一相同概念，这类网络具备不同程度的计算能力、智能化水平、传感器集成、交互功能以及通过互联网连接的能力。物联网的关键认知特性和互操作性将在第 7 章进行详细介绍，包括软件定义无线电（SDR）和认知无线电（CR）。

## 6.7.1　物联网案例分析

物联网是指越来越多简易设备接入互联网（或其他网络方案），使得这些设备能够通过一个共享接口远程执行多种功能。物联网的设备和接口能力，以及可用网络容量，往往因不同应用而有所差异。典型的功能包括读取设备状态、进行软件更新，以及在设备与在线用户之间发送/接收控制和数据消息。即使没有对在线用户的监管，现场设备间也能通过网络交流信息。它们可以相互比较状态，并在无人监督的情况下，为周围的物联网设备提供一种集体智能以反映正在发生的事情。高级物联网设备可与无线传感器和执行器网络有多个连接，具备强大的计算能力和嵌入式本地数据库，以及连接至骨干网的高速链接。高度复杂的物联网设备能够将任务分配给物理上靠近的执行器或连接到接收任务的网络。这类设备目前尚不普遍，但它们代表了物联网发展的第二波或第三波浪潮，其中新兴的自主性和认知能力可将物联网应用范围扩展至仅能读取设备状态的第一波浪潮之外。

构建物联网系统的模块与之前描述的无线传感器系统和通信系统相似，其核心特征在于使用基于 IP 的标准互联网协议来进行网络接口设计，并将这种互联网扩展应用到基础设备上。这些基础设备需要非常节能的解决方案以确保其在预定工作周期内有效运行。因此，克服能源挑战对于这类设备的广泛部署至关重要。一个关键目标是实现传感器和执行器与环境的无缝互动。各种物理设备的互联互通实现了数字世界与物理世界的结合，这为虚拟现实、增强现实和混合现实的进一步发展奠定了基础。在发展初期，位置感知、联网能力和数字化应用为用户提供了更多情境信息，但随着未来科技的进步，情境感知和环境智能应用可能会发展到使用户难以区分数字与物理世界的程度。从军事和安全角度来看，这增加了风险，例如欺骗性应用可能会改变用户的感知和意识。

## 6.7.2 其他技术发展对物联网的影响

人工智能、微电子和通信技术的齐头并进促进了物联网在国防领域的应用。为了实现机器间通信，需要制定标准的消息格式，并统一对智能机器状态的理解。在减少人类对设备操作控制的同时，智能机器在初始阶段必须具备精确的数据采集、分析能力和智能性，以半自动地指导其行为。尽管自主功能的持续发展引起了国防专家的担忧，然而在某些任务中，机器的效率已超越人类。在不需人为监督和决策的情况下，最危险的任务可由机器有效地执行。大量讨论和报告表明，在当前系统水平下，这些机器在安全和防御应用中可能会对友军构成风险。因此，在更复杂应用的开发中，对于那些对作战人员来说过于简单的操作，智能机器似乎是最佳候选。许多国际组织正在努力为国防和安全领域中的自主机器制定法规，未来可能会根据需求通过国际协议对这些机器的使用进行限制。

随着多个系统在不同大气层中运行，频谱资源和物理空间都变得越来越拥挤。在技术发展的过程中，空域、天域、频谱和网络是提供信息优势的关键领域，这为不同系统提供了优先权。随着未来战争模式的演变，与传统战争相比，围绕网络中心战（NCW）的策略将得到加强，因此长期保持信息优势将变得更加困难。

## 6.7.3 物联网能源问题

在设计物联网系统时，适当的响应水平至关重要，其中能耗问题更为重要。为了延长电池寿命，通常优先考虑低频的状态查询和节点唤醒策略。随着对实时感知和响应需求的增加，物联网系统的节能设计受到了更多关注，尤其在高风险环境中，物联网系统必须应对环境突变带来的潜在毁灭性影响。如果节点间通信不够频繁，可能会导致风险升级无法被及时发现，同时系统的正常功能仍持续运行。然而，及时的响应措施可以阻止系统性能下降。

考虑到简单物联网设备有限的性能和能源资源，仅识别和发送最关键数据以保持足够的态势感知水平变得尤为重要。为作战人员提供物联网和应用连接的设备用户界面，在战斗中发挥着至关重要的作用。用户设备需要从网络数据库中快速检索历史和相关数据，以便前线作战人员能接收并用于战场。在面对瞬息万变的战场情况时，关键问题在于识别由不同物联网设备检测到的异常，并建立机制来判断哪些检测是错误的，哪些可能是敌方在物联网网络上的干扰，哪些是通过传感器融合方法得出的准确结果。

## 6.7.4　物联网类技术的军事采购

物联网技术呈现出多种形式，与软件定义无线电（SDR）相比，它们的快速发展可能给军事应用带来挑战。虽然 IP 通信建立在一个共通的基础上，但不同技术的寿命周期更新换代速度极快，军方需要适应这种快速变化，修改采购流程，并探索新的途径来构建能力，这些能力应仅部分依赖商业技术。在规划军事能力时，核心问题是决定应用应广泛分散还是严格集中：一方面，需要对系统实施全面控制；另一方面，需要通过应用冗余、弹性和防护措施来增强系统韧性，从而解决单点故障问题。

## 6.7.5　物联网中的大数据与网络问题

态势感知的核心在于理解数据、位置、能力和预期行为之间的相互关系。即便在没有物联网设备的情况下，互联网数据量已然庞大，而物联网的加入无疑会将信息量推向新的高度。不同用户间存在多样的信息分类和数据解读需求，例如，关于数据量以及如何传递给接收方，不同的通信终端需要达成一致。当功能各异的设备接入同一网络时，这便成为一个关键问题。较为简单的设备可以通过聚合器与更复杂的设备相连，聚合器设备来转换数据，使目的地感觉不同设备的能力没有差异，这在近实时应用中尤为复杂。随着众多物联网系统的涌现，技术发展可通过将位置和数据存储于公共资源中来掩盖单个实体的角色和位置，其中基于云的分析能够迅速计算并响应服务查询。因此，单一物联网对象不再被视作一个独立目的地（其所有参数均被控制和读取），最关键的信息反而存于网络中。每个作为内容提供者的物理对象都可能加剧网络中的数据拥堵，关键在于识别并考量连接到同一网络的不同信息消费者。面对如云分析引擎、低功耗微型传感器、军用车辆内通信系统或战场上士兵携带的终端等多样化的信息消费者时，数据的展示方式和处理能力尤为重要。拥有不同能力级别的物联网系统都必须从庞大的数据海洋中提取关键参数和信息，而自主性和自学习技术可提供解决之道。然而，如果网络行动针对信息的核心要素，那么从海量数据中提炼出至关重要的信息会带来严重的安全隐患。因此，安全和国防决策者在未充分考虑技术未来趋势、潜在影响及不断演变的作战需求时，仅基于当前技术进步作出长远规划是不明智的[5]。

# 参 考 文 献

[1] Chong, C. -Y. , and S. P. Kumar, "Sensor Networks：Evolution, Opportunities and Challenges," *Proceedings of the IEEE*, Vol. 91, No. 8, August 2003, pp. 1247-1256.

[2] Römer, K. , and F. Mattern, "The Design Space of Wireless Sensor Networks," *IEEE Wireless Communications*, December 2004, pp. 54-61.

[3] Wu, Y. , and M. Cardei, "Multi-Channel and Cognitive Radio Approaches for Wireless Sensor Networks," *Computer Communications*, Vol. 94, 15 November 2016, pp. 30-45.

[4] Nemeroff, J. , et al. , "Application of Sensor Network Communications," 2001 *MILCOM Proceedings Communications for Network-Centric Operations：Creating the Information Force*, Vol. 1, 2001, pp. 336-341.

[5] Kott, A. , A. Swami, and B. J. West, "The Internet of Battle Things" *Computer*, the IEEE Computer Society, December 2016, pp. 70-75.

# 第7章 软件定义无线电和认知无线电

本章对第3章通信技术进行拓展，介绍软件定义无线电（SDR）和认知无线电（CR），首先介绍与SDR和CR密切相关的频谱管理问题。

## 7.1 频谱管理

移动蜂窝通信系统（从第三代到第四代蜂窝网络）的快速发展给人们造成了频谱是无限的错觉。4G移动通信可以为单个用户提供良好的容量水平，但在高峰时段的数据传输速率无法保证。事实上，蜂窝系统以及其他消费者应用对频谱和接入表现出无限的需求，而保留用于军事用途的频带资源在与商业需求的博弈中有逐年缩小的趋势。每两年召开一次的世界无线电大会是全球频谱分配最重要的盛会。未来为了保证在有争议的频谱范围内进行军事通信，军方有各种备选方案可供考虑，例如：

（1）除了使用军用频谱资源，军事用户还可以通过使用商用货架设备和民用设备来使用民用频谱资源。

（2）在和平时期仅使用军用频率，但在战争时期，民用频率的一部分会临时分配给军事用途。

（3）在和平时期仅使用军用频率，但在战争时期，频谱使用动态频谱接入和认知通信来分配。动态频谱接入的基本思想是在主要用户未激活时插空使用许可频谱。如果国家安全受到严重威胁，将频谱资源全部征作军用可能会更高效。

## 7.2 软件定义无线电

SDR的概念已经提出很长时间，但只有最近的技术进步才使得软件定义应用成为可能。SDR作为一个通信平台，在这里通信链路将被最大限度地数字化。理想的SDR在尽可能靠近天线的数字域中处理信号，并且模数转换和数模转换分别在接收机天线之后和发射机天线之前进行。SDR模式的出现开启了通信波形和硬件平台开发方面的国际合作，由于 SDR 大多数功能在软件中定义，这将带来 SDR 平台的互操作、可配置和可编程等好处。而且，如果硬件平台是根据通用体系结构、方法和模式设计的，那么基于软件定义的功能可以安装或移植到任何 SDR 硬件平台。军事通信模式转变的必要性源于大量现役作战网络无线电和供应商专用设备无法与其他现役系统通信。SDR 的第一个目标是通过现役波形来连接不同的通信系统，以此提高联合作战中不同参战单元之间的互操作性。第二个目标（仍未实现）是采用基于通用硬件平台和软件定义方法，创建接口定义清晰且广泛使用的系统。一旦硬件平台和软件功能被正确定义，就可以使用不同供应商的软件包来简化通信系统的开发，在提升灵活性的同时并不会失去供应商之间的互操作性。如果 SDR 能够理想地实现，用户可以在通信系统寿命周期中期更换供应商，而不会产生过高的成本。目前，SDR 平台中仍有许多特定供应商的特性和功能，以指导客户从同一供应商中选择第二代产品和后续产品。

SDR 由 Mitola[2]创造，能够运行任何用软件实现的波形，代表了一种通用硬件平台的愿景。这一概念催生了对系统的软件和硬件模块的可移植性、互操作性、通用性和自适应性的巨大需求。硬件平台必须具备必要的内外部模块，能够引导和控制不同波形按规定收发无线电波。为了全面实现 Mitola 的愿景，硬件平台应该全数字化，以实现系统的完全可重新配置和自适应性。随着技术的进步，未来有可能将基于软件的功能延伸到天线附近射频单元中仍需使用模拟器件的边缘。

区分硬件平台和波形软件，从选定的供应商列表中获取这些资源的想法已经萌生，但实现软件和硬件供应商之间的互操作性所花费的时间比预期的要长。正如通信界的许多先例一样，几种相互竞争的体系结构将确定 SDR 标准的实际位置。

Goeller[1]回顾了 SDR 的历史，重点提及联合战术无线电系统（JTRS）项目，分析了该项目未能实现预期目标的原因。JTRS 是一个庞大的项目，旨在取代所有现役的美国军事通信系统，并通过使用支持多种波形的 SDR 来解决互操作性难题。据 Goeller 称，这些难题的出现是由于 SDR 开发中遵循三种不同的技术路线。在开发的早期，通用处理器（general purpose processor，GPP）被认为是波形处理的核心，在这之后，为提高平台的实时性能，人们关注的焦点集中在基于现场可编程门阵列（field programmable gate array，FPGA）的设计上。FPGA 拥有可编程数字逻辑块，可用于构建高速接口、数字信号处理和软件无线电。

## 7.3　片上软件无线电系统

片上系统（system-on-chip，SoC）将基于 FPGA 的设计与集成软核处理的元素相结合，这些软核处理可以视为可重新配置的处理器，具有比早期 SDR 开发中的 GPP 更好的实时特性。一般认为，GPP 系统可以实现高级代码开发，软件可以用高级编程语言来实现，以提高不同系统之间的互操作性，然后，高级语言被特定硬件编译器编译为较低级别的语言。FPGA 平台使用硬件描述语言设计，由于 FPGA 平台的特殊性，这些语言是不可移植的。在功耗上，FPGA 系统要高于 DSP 系统。

尽管与以前的平台相比，高集成度提高了系统性能，但这些 SoC 平台的重新配置仍然受到平台内部集成构建块的限制。此外，SoC 平台供应商之间的互操作性还不够好，经常会导致使用 SoC 平台的客户刻意避开某一供应商。尽管如此，平台应用前景依然乐观，因为同时发展宽带射频收发器已经实现了小型可重新配置的 SDR。

## 7.4　认知无线电

Mitola[2] 在 1999 年的一份开创性工作中将 CR 描述为智能实体，它能够在无法获取周围环境的前提下，找到为用户提供服务的最佳方式。对周围环境的感知可以减少处理器负担，并提高用户设备的能量效率。

Haykin[3] 在 CR 领域最具影响力，甚至可以说其里程碑式论文是将 SDR 的概念扩展到 CR，并预见到频谱稀缺的挑战，要知道在论文发表时，频谱稀缺并不像现在这样紧迫。CR 有四个发展目标：不受空间和时间限制的可靠通信、频谱资源的有效利用与无线电环境的感知学习、用户意图预测以及对频谱空洞的感知。一部分频谱在全球范围内被授权给某些用户，另一部分频谱未被授权，但仍有许多特定参数对使用这些频谱设置了限制。市场驱动的频谱授权已经占据了频谱的主要部分，随着商业频谱需求的不断增长，安全和军事组织必须保留其频谱。由于授权频谱一般不会连续使用，因此有机会在时空环境中找到频谱的空闲部分，即所谓频谱空洞。也就是说，在某个特定时间点，有机会利用授权用户的停机时间，进行非授权用户的传输。但是，这要求具备快速检测授权用户频谱占用情况的能力，并通过快速撤退来避免频谱冲突。Mitola 和 Haykin 描述的认知周期需要获取接收机和发射机函数。认知系统中的接收机需要感知其无线电环境，认知系统的计算单元需要智能分析接收机感知到的特征，并确定、计划和决定引导发射机方案，使得发射机可以做到发送信号智能化。计算单元实际上完成了一个学习过程，该过程包含连续的接收—计算—传输循环，并将不同情况下的行为特征存储到系统内部存储器中。从更普适的角度分析这一循环，CR 操作属于人工智能领域，是一种应用于射频通信的模式识别[2-3]。

## 7.5 软件定义无线电互操作挑战

开发基于 CORBA 的软件通信体系结构（software communications architecture，SCA）是为了定义软件和射频硬件之间的机制，通过定义结构和应用程序接口来提供不同平台之间的互操作性。软件开发不会与特定硬件功能密切相关，因此通用功能软件可以在多功能硬件平台上执行。基于 SCA 机制开发的便携式波形可在基于 GPP 的硬件平台上运行，但由于发展现状是基于 FPGA 的 SoC 设计，基于 SCA 的方法不再有效，主要原因是因为 SoC 平台的硬件相关代码太多。目前业界正努力向 SCA 添加扩展，以提高软件在低级别编程语言下的性能，从而实现更好的实时性[1]。

## 7.6 研究发展方向

尽管大部分注意力集中在 CR 研究上，但 SDR 的研发近期取得了进展，SDR 为频谱感知、智能和自学习 CR 建立了基线，目前对 SDR 的研究已经扩展到软件定义网络等应用领域。一般地，SDR 和 CR 可以根据这些技术和系统的主要特征来区分。根据 SDR 研究成果和产品信息，SDR 的主要关注点在互操作、可重构以及软硬件可分别采购上。对于 CR，主要关注点是频谱感知、共存、灵活性、适应性和自学习。由于这些特点，CR 与机器学习、深度学习和人工智能具有共同目标。

## 7.7 军用软件定义无线电

在军事领域，SDR 被视为联合作战中的力量倍增器，在联合作战中，几个国家可以与其他联盟国家使用同种通信体制共同行动。当遵循 SDR 设计规范时，与传统通信系统相比，在其寿命周期内升级为军事通信系统会更容易。2018 年，市场上有许多产品的广告都用"SDR"这个关键词，但深入分析后发现，许多产品在严格意义上并不是真正的 SDR。由于传统无线电的寿命周期很长，供应商不得不花费大量时间构建与传统系统的接口。只要新技术从一开始就以互操作性为目标，并且 SDR 性能超过该领域的传统系统，SDR 概念就会发展起来。但是这仍然存在争议，因为从供应商的角度来看，生产专装产品更具吸引力。基于 SDR 的通信系统价格会更便宜，如果客户想购买特定的、量身定制的传统通信系统，价格会更贵，而且更好的性能会导致失去互操作性，不同的用户需要在这些权衡之间取舍。

## 7.8　军用认知无线电

在军事领域，CR 被视为交战空间密集频谱条件下的力量倍增器。由于频谱资源稀缺，未来将变得更加拥挤，CR 被视为获取信息和频谱优势的工具。当实现有效的频谱感知时，战斗并没有就此结束，合作用户和非合作用户之间的博弈将持续到所有行动者都具有认知能力。第一个部署系统的人，将在指挥控制能力方面占据上风，因此该领域的技术发展水平非常重要。

## 参 考 文 献

[1] Goeller, L. , and D. Tate, "A Technical Review of Software Defined Radios: Vision, Reality and Current Status," *2014 IEEE Military Communications Conference*, 2014, pp. 1466 − 1470.

[2] Mitola Ⅲ, J. , and G. C. Maguire, Jr, "Cognitive Radio: Making Software Radios More Personal," *IEEE Personal Communications*, August 1999, pp. 13−18.

[3] Haykin, S. , "Cognitive Radio: Brain-Empowered Wireless Communications," *IEEE Journal of Selected Areas in Communications*, Vol. 23, No. 2, February 2005, pp. 201−220.

# 第 8 章　无人空中和地面平台

在战场上，由人类控制的飞行器在完成不同组织、单位和行动者之间的信息传递任务中具有多种选择。本章将重点介绍机器人在战场中的作用，其形式包括无人机、无人地面车辆、蜂群和认知单元，由于具有自主能力，这些单元可与军事网络断开连接。

许多军事文件中使用无人飞机系统或无人机系统（unmanned aerial systems，UAS）而不是无人机，来说明除飞行平台外还需要系统的支持。任何领域的无人飞行器都应被视为系统，移动平台只是系统的一部分。例如，一个典型的无人机系统由以下部分组成：

(1) 平台；

(2) 有效载荷；

(3) 控制中心；

(4) 导航系统；

(5) 通信系统；

(6) 起飞和着陆系统；

(7) 后勤系统；

(8) 维护和修理系统。

本章概述了空地领域中无人系统及机器人的总体情况。由于重点是地面部队，因此不涉及海军领域的无人飞行器。

## 8.1　数据收集案例研究

这里讨论的重点是通信以及对平台和作战环境的要求。在通信中，有许多不同类型的无人飞行器可以使用。有一种无人飞行器除了在操作员和无人飞行器之间传递指令外，不在任何任务中使用通信功能。这种无人飞行器在飞行过程中可能会搭载复杂的传感器，利用有效载荷收集数据，但不会向控制中心发送任何信息，在这种飞行器和任务中，所有数据是在飞行结束后在地面收集的。另一种无人飞行器在飞行过程中利用机载传感器执行任务，并在一定时间间隔内将收集到的数据传输到控制中心。从网络安全的角度来看，这两种无人机应用模式在敌对空域执行任务时具有不同的威胁程度。在后一种情况下，通信链路可能会被拦截，但在前一种情况下，如果在任务期间没有向控制中心发送任何信息，整个平台和数据都可能丢失。更进一步，无人飞行器可以在执行任务期间在空中重新配置或重新编程。有一种系统依靠多个飞行器（一些有人驾驶，另一些无人驾驶）协同执行共同任务，与地面控制中心相比，这种系统能使操作员和控制中心更接近无人飞行器。另一种选择是引入无人自主功能，无人飞行器从周围作战环境、友好的和不合作的飞行器及物体中收集数据，建立内部感知和环境感知，然后处理产生不同参与者和作战条件下的可能行为和结果。这也可以在更小的单元中利用蜂群实现，无论是否有人类参与决策。

## 8.2　无人系统的中期发展

美国战略与国际问题研究中心（center for strategic and international studies，CSIS）撰写的一份报告呼吁制定无人系统战略。尽管美国被公认为该技术的主要参与者，但由于目前市场准入门槛较低，其他几个国家也在开发自己的无人系统。CSIS 还预测，到 2025 年，与地面和海上应用相比，无人机系统仍将是最先进的无人系统。人们经常将无人机系统与喷气战斗机相提并论，但在大多数情况下，这种比较是不充分的，无人机系统种类繁多，与其他有人驾驶的军事系统不同。无人系统人类防护能力的提高是以其他性能特征为代价的，但无论如何，不应导致其能力低于其他系统[3]。

## 8.3　无　人　机

无人机类型的定义有很多种，通常在飞行高度、飞行时间、大小和主要功能方面有区别。典型的无人机军事任务包括：①ISR；②C4；③后勤、运输和维护；④通过识别、预警近距离威胁、诱骗来袭威胁和平台保护功能等手段来保护友军、联盟伙伴、当局和平民；⑤通过动能和非动能手段进行交战，同时进行目标瞄准和战损评估。在未来平台中，这些功能或多或少会相互交织在一起，因为未来计划将向多用途无人机系统和无人机群发展，无人机群可能拥有数架专业无人机，能够替代和接管无人机群中其他无人机的任务。

无人机通常被归类为一个术语，但实际上有许多为特定任务设计的平台。无论哪种类型的无人机，最具挑战性的问题都是尺寸、质量和功率、续航时间或飞行时间，以及传感器有效载荷的特性和能力。对于多用途无人机平台来说，需要权衡的问题更多，因为通用能力发展对性能指标的影响要大于为特定目的而设计的平台。尽管无人系统在军事行动中具有一些优势，但在可预见的未来，无人机平台仍将得到广泛部署。

### 8.3.1 无人机与无人地面车辆的优势对比

在实践中，陆地领域可以对无人地面车辆进行与无人机类似的分类，陆地区域对无人机系统的作战提出了更多挑战，例如，从指挥、控制、通信、计算机、情报、监视和侦察（command, control, communications, computers, intelligence, surveillance and reconnaissance, C4ISR）和蜂群的角度来看，地形、自然物体和人造物体的影响严重限制了通信信道和作战自由度，更不用说天气条件、温度和季节（冬季与夏季）的影响。

### 8.3.2 无人机在情报、监视、侦察、后勤和交战中的应用

无人机通过为作战人员提供态势感知、通信和保护支持，减轻了作战人员的负担，提高了作战效率。从空中观察周围环境不仅能提供更好的态势图，还能通过 LoS 链路提高通信能力，并增加作战人员为任务做准备所需的时间。从地面看周围环境，通常会受到海拔、地形和作战区域内障碍物的严重遮挡。从长远来看，无人机可作为独立平台或多功能平台群，在电子战和动能交战提供的支持下，与有人平台合作执行打击任务。无人机还可能在战场后勤中发挥更大的作用，尽管现在大多数后勤供应链仍依托行动区的地面车辆。无人机有效载荷通常有限，但大型无人机可能携带复杂的一揽子功能，使这些平台成为空域中的 HVT，平台可能携带复杂的传感器（合成孔径雷达、光电、热和红外传感器、信号情报（signal intelligence, SIGINT）和地面移动目标指示器（ground moving target indicator, GMTI）系统）。除这些传感器外，大型平台还可搭载动能武器系统。不应将无人机系统仅仅视为战术层面的力量倍增器，它们在信息优势方面也可发挥关键作用。无人机可同时执行多项任务，因此，大型无人机平台中也出现了像战斗机一样的多功能平台。

### 8.3.3 使用无人机的通信应用

在通信应用中，无人机平台可用于地面或空中节点之间的话音和数据传输中继。无人机可从 LoS 连接中获益，并扩展与地面用户的连接。除无线电波外，无人飞行器还可利用卫星或激光链路进行通信。在通信方面，无人机可用于以下应用[1]：

（1）向覆盖行动区的地面部队提供态势图；

（2）收集"蓝军"的状态报告，为改进态势图进行信息分析；

（3）作为通信中继站运行，通过 LoS 路径传输话音和数据，克服地形带来的挑战；

（4）作为网关运行，将不同的通信系统（也包括卫星）连接在一起；

如果无人机由地面中心远程控制，则地面中心与无人机之间的通信信道应始终保持畅通。当故障、超出最大通信范围、环境中障碍物导致信号受阻或无人机受到非动能攻击时，信息流可能会中断。

无线电法规对无人机系统通信频率的选择提出了要求。无人机到地面控制站下行链路发射频率的选择决定了无人机在空中的应用。如果无人机携带产生大量数据的有效载荷（如高分辨率图片和视频），则需要使用更高的 UHF 频段频率，以保证无人机和地面站之间有足够的通信数据传输速率。对鲁棒性、安全性和可靠性的更高要求可能会导致可达到的数据传输速率非常低[2]。

下面介绍无人机平台在通信方面的三个基本特征：

（1）无人机的运行时间或飞行时间会影响任务时长以及控制和通信的范围；

（2）无人机的能源容量与上述第一项直接相关，但也决定了无人机可携带的有效载荷的复杂程度以及可用于通信的发射功率水平；

（3）无人机使用的天线解决方案决定了不同群体对不同通信机制的定向需求和服务。从长远来看，材料和制造技术的发展可为无人机集成不同天线元件提供重要支撑，而不会对性能构成挑战。

# 8.4　无人地面车辆

如果通信路径的另一端也没有障碍，那么在中高空的作战平台就能够克服地形带来的挑战。无人地面车辆面临的挑战与其他地面通信系统类似。尽管与无人机相比，无人地面车辆的平均速度有限，但它们仍然利用无人驾驶概念提供了一些有吸引力的功能。

## 8.4.1　无人地面车辆的通信应用

基于天线桅杆的通信系统需要多余的前后作业来与通信站建立和脱离连接，而基于 UGV 的通信系统可作为其他通信系统的后备系统。基于 UGV 的系统还可以在常规通信站被前后作业限制时建立通信服务，从而加快部队机动速度。在地形中具备前进能力的无人地面车辆能够移动到地势较高的地方，从而最大限度提高天线的效用，以建立短期通信服务。从防卫角度看，无人通信站并不会增加重要人员接通短期通信服务时的风险。

UGV 有多种类型。最小级别的无人地面车辆在不需要应对恶劣地形环境时，可作为态势感知工具使用。如果对地形要求苛刻，则需要使用更大的无人地面车辆，因为除了推进能力外，通信系统还需要电力、大型天线结构和各种传感器系统。目前，全电动无人地面车辆系统似乎还遥遥无期，因为它们无法在恶劣条件下可靠运行。对于更大的无人地面车辆，可以采用无人驾驶形式提供多功能通信服务。然而，随着体积的增大，能耗也会增加，而且系统会像普通卡车一样脆弱，需要高质量的道路来进行后勤保障。

## 8.4.2　无人地面车辆和机器人的发展

机器人是一个更广泛的应用领域，可能包含所有类型的无人系统。机器人已进入军事应用领域，如 ISR 任务和工程。军用机器人和 UGV 之间的区别很模糊，UGV 已应用于工程任务，如军用爆炸和后勤任务。虽然 UGV 还没有像航空、海军和水下机器人那样考虑在地面进行集群，但 UGV 的发展路径与其他领域相似，早期开发的重点是遥控机器人和车辆，中期和长期开发的重点是半自主功能和学习功能。小型 UGV 可在敌对地区执行 ISR 任务，在作战人员进入之前提供该地区的视觉信息（图片、视频剪辑和不同的传感器数据）。为实现在恶劣条件下移动，可能会出现不同的技术，例如，系统能够在楼梯上移动、在不平坦的地形中爬行或滚入洞穴和管道等人类无法观察到的地方。较重的 UGV 还可能配备动能和非动能有效载荷，以及传感器，包括可被人类操作员使用的可视摄像机、传感器数据和区域内其他观察系统。由于人类操作员可能无法靠近这些系统，因此必须在对从多个来源收集到的准确可靠信息进行仔细分析后，才能决定是否使用致命武力。

## 8.4.3　无人地面车辆在陆地领域面临的挑战

无人系统在空中、海上、太空和网络领域所面临的挑战不容低估，而陆地上的路线规划、避障和意外情况的分析也极其困难，这是陆基应用中开发蜂群功能的主要障碍。重型无人地面车辆有能力提供相当有效的火力，而不会使人类操作员在战场上面临风险，但在高风险任务中，其在前线执行任务时不可能获得维修保障。在后勤应用和医疗保障任务中，可考虑重型无人车。它们还可以作为车队的第一辆车和最后一辆车，在第一时间清除沿途可能隐藏的地雷和炸弹。自主性的提高引起了对使用这些系统执行与人类部队交战任务的伦理、道德、法律和政治影响的讨论。在现代战争中，人类生命的丧失是最昂贵的损失，为了保护军队，在陆地领域增加无人机器人的使用似乎是显而易见的。关于完全自主，未来战场上的挑战非常复杂，我们很可能无法看到世界上大多数国家的军队在交战中完全自主。可能有些国家或参与者为了主宰战场，不惜一切代价，不计后果。因此，每个参与方都应做好准备，即使自己不会使用基于机器的交战系统，也要开发出能与之抗衡的系统。

# 8.5　具有通用特征的无人平台示例

第 9 章将从通信角度介绍无人平台，但仍有必要举例说明平台类别，以便分析当前场景下的平台能力。

## 8.5.1　无人地面车辆特性示例

这里不考虑最小类别的 UGV，因为它们不适合这些用途。通用尺寸、质量和速度估计值如下：

（1）A 型 UGV，长 8m，宽 3m，高 3m，重 40000kg，在最佳条件下最大速度为 80km/h，在简单地形下最大速度为 30km/h，在极端地形下速度为 5～10km/h；

（2）B 型 UGV，长 5m，宽 2.5m，高 2.5m，重 10000kg，公路最大速度 50km/h，简单地形最大速度 25km/h，极端地形速度 5～10km/h；

（3）C 型 UGV，长 2m，宽 2m，高 1m，重 2000kg，公路最大速度 35km/h，简单地形最大速度 20km/h，极端地形速度 5～10km/h；

（4）D 型 UGV，长 1.5m，宽 1.5m，高 1m，重 1000kg，最大速度为 20km/h，在简单地形中为 10km/h，在极端地形中为 5km/h。

A 型 UGV 和 B 型 UGV 的优点是速度快、尺寸大，可以越过障碍物，有效载荷能力较强。但是，它们也依赖坚硬的路面、坚固的桥梁和交叉路口。与履带式无人车相比，轮式无人车在崎岖地形的推进能力较为有限。C 型无人车和 D 型无人车的优点是尺寸较小，可以在较大的无人车无法通过的障碍物之间前进，因为 A 型无人车和 B 型无人车无法翻越障碍物，与 A 型无人车和 B 型无人车相比，它们所需的能耗也较低。C 型无人车和 D 型无人车的质量较轻，可以在较松软的路面上前进，而 A 型无人车和 B 型无人车会被卡住。C 型无人车和 D 型无人车在良好条件下的速度要低得多，但在最极端的条件下，C 型无人车和 D 型无人车的速度与 A 型无人车和 B 型无人车相当。

### 8.5.2 无人机特性示例

对于无人机，考虑了最小类别，因为它们在如城市行动等方面很重要。不同类别无人机的通用飞行时间、航程、飞行高度和速度估计值如下：

（1）A 型无人机（nm），航程达 2km，飞行时间为 1h，最大速度为 20km/h，飞行高度为 100m，除集成传感器外无其他有效载荷可选；

（2）B 型无人机（微型），航程达 15km，飞行时间为 2h，最大速度为 70km/h，飞行高度达 1km，可携带几千克的额外有效载荷；

（3）C 型无人机（战术），航程达 150km，飞行时间为 10h，最大速度为 200km/h，飞行高度达 3km，可携带 100kg 有效载荷；

（4）D 型无人机（中空长航时（MALE）），航程达 300km，飞行时间为 20h，最大速度为 300km/h，飞行高度为 5km，可携带 300kg 有效载荷；

（5）E 型无人机（高空长航时（HALE）），战略航程，飞行时间达 36h，最大速度为 800km/h，飞行高度超过 15km，可携带超过 1000kg 的有效载荷。

考虑到第 2 章中提出的方案，D 型无人机和 E 型无人机不在本章讨论范围内，因为根据方案中提出的距离，侦察任务中不需要这些类型的无人机。A 型无人机和 B 型无人机受环境条件的限制较多，无法携带重型有效载荷，但由于体积小，它们具有静音作战和低可探测性的优点。C 型无人机能够在整个区域内作业，并能携带较重的有效载荷，但 C 型无人机的速度受限，可能会从空中探测到，且由于速度较慢，在动能交战中可能易受攻击。

## 8.6　指挥与控制案例

从 C2 角度看，在军事任务中使用无人机可定义以下几种情况。

地面传感器分布在监视区域内，收集有关敌对行动的数据。无人机作为数据收集器在该区域上空飞行，并作为地面传感器的接入点。无人机既可存储读取数据，前往总部提取本地数据，也可作为网关，从空中向其他网络传送最关键的数据。

地面节点作为数据收集实体，而飞行的无人机利用其传感器存储来自该区域的数据。当无人机飞越地面节点时，数据将沿着无人机和地面节点之间的 LoS 链路传输。

无人机群在空中以蜂群的形式运行，在空中创建一个本地分布式网络，为本地地面用户提供服务。蜂群中的每个成员都能找到与地面用户通信的最佳位置，还能根据服务质量、安全和可能的干扰，通过空中最适合的路径进行通信。如果蜂群无法找到通往目的地的良好路径，其中一个单元可以依据风险补偿和服务质量措施飞往目的地。如果蜂群具备高性能计算能力，还可以为计算能力有限的地面用户提供计算服务。

地面节点与无人机之间的数据传输可通过无线链路、可见光通信、RFID连接或本地物理连接实现。后两种方法耗时较长，因为无人机需要靠近地面。在数据传输的同时，这些活动可用于识别蓝军在战场上的存在和位置。如有需要，还可在友军兵力识别时传递一些信息。

针对当前的情景和任务，需要考虑不同的 C2 执行方式。如果在适当地点设立军事指挥所和相关通信站，则必须随着战争的发展同步移动。如果没有多功能冗余通信手段，通信站的移动可能会造成通信延迟。带天线的通信站从到达目的地到开通可能需要几小时，而拆除通信站并开始向下一个目的地移动需要同样的时间。天气、时间、地形、设备和作战人员的技能水平都会影响建立和拆除通信站所需的时间。如果通信保障部队使用 UGV 来保障连续通信服务，那么同时进行这些活动，可以节省一些建立和拆除通信站的时间。与此同时，当有人值守的通信站被拆除时，装有通信天线的 UGV 将承担主要的通信服务，而不会中断通信服务。有人值守和无人值守的通信站不必相邻，但应分布在适当的位置，以便为同一组用户提供服务。如果无线电覆盖范围相似，那么 CR（认知无线电）使用中的隐藏终端问题也可以得到解决，因为任何主要用户传输错过其中一个通信站点都可能被第二个通信站点捕捉到。

## 8.7　无人平台的自主、协同和蜂群效应

第 2 章对未来技术进行了展望，并考虑了这些发展对通信技术的影响。预测未来的一个关键概念是人们对自主技术的兴趣日益高涨。最成熟的自主技术不可能很快实现，需要经历几个发展阶段。发展路径从遥控无人驾驶车辆开始，到半自主车辆、有人无人混合驾驶车辆，最后可能达到自主车辆和物体的认知的、自学习、自组织和群组再生的水平。不同应用领域的应用速度各不相同，但如果没有阻碍创新应用的特定要求，许多创新会相当迅速地扩散到其他领域。国防工业和军事组织往往被认为走在自主应用的前沿，但标准采购流程阻碍了采用突破性技术。军事应用通常需要可互操作的、强大的、经过验证的技术和系统，这些技术和系统必须满足最严格的要求，并且在达到全面作战能力（FOC）之前完成有效实施。在完全满足这些要求之前，新技术仍可用于某些应用，但使用范围有限，同时还要考虑冗余系统以确保可靠性。

虽然具有自主功能的系统可能会投入战场，为 ISR、C2 和防卫任务等行动提供价值，但在军事环境中，要实现人类能力水平的自主性在中短期内不太可能。从软件定义通信、网络到无人系统以及这些自主系统扩展出来的软件功能为实现互操作性、兼容性和升级性提供了更好的机会。在实现完全自主的过程中，必须发展无人系统的协同、有人和无人系统的协同，以及无人系统通过学习和认知行为实现的群体智能。后者接近蜂群功能、蜂群战术以及再生和仿生学习，在这种学习中，系统能够得到训练和进化，以完成它们的任务。上文提到的国家指挥和控制将以一种全新的自主国家指挥和控制方法进行重构，这种方法能够在不中断军事指挥链的情况下将传感器、射手和决策连接起来。显然，这种系统将提高总体军事能力，但会带来复杂的法律、伦理和政治问题，并增加不可接受的风险。虽然引入无人系统可以改善对人类操作员和部队的保护，但在最坏的情况下，不成熟的完全自主系统可能会抵消所有已改进的安全和对部队的保护。在人类操作员成为无人系统的一部分之前，作为一个团队或具有多种功能的协同作战单位来控制多用途无人系统，需要不同供应商在标准化、结构开发和互操作性方面做出巨大努力；否则，无人协同作战单位就必须从单一供应商处采购系列产品。下一步将是学习和感知空中任务中使用感知能力的特征。在使用致命武器方面，许多情况下都需要进行人在回路中的讨论。在执行任务期间使用武力的授权必须以某种方式传递给平台，无论是上行链路命令通道，还是满足特定条件时使用武力的预编程授权。如果这些条件没有被正确编程，系统就会出现故障，无法根据收集到的模式进行准确识别。在执行安全任务时可能会遇到这些问题，但空中平台采取的对策可能会增加这类任务的难度。

无人系统自主功能的发展速度很可能比目前预测的发展速度更快。从军事角度预测，由于现有的部队结构、整合以及与其他参与者的合作所面临的挑战，自主系统的全面作战能力预计需要很长时间才能实现。

# 参 考 文 献

[1] U. S. Army UAS Center of Excellence, "Eyes of the Army" Unmanned Aircraft Systems Roadmap 2010−2035, ADA518437, April 09 2010.

[2] Austin, R., *Unmanned Aircraft Systems UAVS Design*, *Development and Deployment*, Chichester, United Kingdom: John Wiley & Sons Ltd., 2010.

[3] Brannen, S. J., Sustaining the U. S. Lead in Unmanned Systems−Military and Homeland Considerations through 2025, A Report of the CSIS International Security Program, CSIS, Center for Strategic & International Studies, February 2014, 28 p.

# 第9章　与场景相关的通信备选方案分析

从民用角度来看，如今的社会已经实现了数字化，用户可以轻松访问网络资源、社交媒体和各种形式的信息，从而快速获得所需帮助。由于用户的需求是即时性的，网络应用程序支持的易于获取的信息可能并不总是经过严格审查，这就造成了基于误导性提示、虚假信息或欺骗性应用形成认知的风险。许多基于互联网的平台在提供有用建议时会让人感觉其他人也曾面临过类似问题，尽管这些人与该用户没有直接联系，但来自互联网的输入可以带来社会支持，帮助用户更专注于手头任务，例如，可获取的在线手册数量正在增加。因此，在民用应用中，低延迟通信和互联网的日常使用已经很好地建立起来。

从军事角度看，指挥控制建立在等级森严的结构基础上，命令按照一定规则下达，结构中的每个行动者都要遵守这些规则。根据任务和需要相互通信的成员不同，行动者之间有多种不同的通信方式。有些行动者可随时进行公开通信，但在要求严格时，必须仔细审查部队附近发送的信息，因为选择的通信方式可能会影响整个作战行动。随着通信技术的迅速发展，对无线通信的苛刻限制比以前减少了。不过，要成功指挥军事行动，必须对这一领域有透彻的了解。

## 9.1　军事通信需求、军事力量区域联系与军事行动风险的通信示例

在军事应用中，通信需求源于以下问题：

（1）重要的传感器事件或不同行动者的最新态势图（态势感知）；

（2）高层次指挥决策及对下级的指挥（C2）；

（3）从较低级别的指挥向较高级别的指挥报告（C2）；

（4）相近指挥级别之间的信息更新，以便在责任区形成更精细的态势图（态势感知和交战）；

（5）预警，即对任务区可能改变行动计划的突然变化进行快速通知（保护）。

就军事通信而言，应该对每条信息进行检查，看是否确实需要将信息传递给对方。这样做至少有两个原因：①在某些情况下传输信息可能会危及作战安

全；②频谱资源通常是共享且有限的，不必要的信息传输会降低频谱使用效率。

军事任务指挥需要适时权衡利弊，及时采取节省资源的行动，确保能力与位置及支援相匹配，同时保持作战速度和耐力。

## 9.2　基于场景的防御系统需求迭代

一般而言，通过启动基于场景的研究来进行能力领域分析，该研究是一个迭代和累积的过程，旨在使研究的场景与预期任务和行动中所需总能力大致相符。与首先考虑能力需求的过程相比，基于场景的迭代过程启动更简单。下面描述一个能力开发过程示例：

（1）创建一个场景，描述在预测的时间范围内国防部队最可能面临的行动。

（2）将总能力划分为明确的组成部分，并评估这些部分在上述场景中的当前性能水平。

（3）评估不同的系统备选方案，以达到上述第 2 部分中的当前性能水平。基于不同的系统替代方案，是否会出现积极或消极的副作用？

（4）评估在场景任务中执行具体工作的不同系统备选方案的功能和性能。

（5）列出满足所需性能的关键要求。

（6）浏览关键技术列表，以评估每项技术满足要求的有效性。

返回第 1 步，创建一个附加场景表示最可能的作战行动，对第（1）步中创建的每个场景重复进行第（2）步到第（6）步。根据需要继续对其他场景进行分析，以涵盖所有可能影响全面长期防御能力发展的任务场景。

最后一步涉及最关键的问题：对未来 20 ~ 30 年的全球形势、资源、技术、不同参与者、文化、社会和生活方式的理解程度如何？这是第 2 章中讨论基于威胁与基于能力规划的基础。复杂系统的开发和采购将资源用于特定的任务和部队结构，而这些任务和部队结构可能不像基于能力的规划所追求的那样灵活和适应性强。如果缺乏长期愿景，采购可能会导致国防系统的彻底失败。

尽管开展基于场景的军事能力规划包括会反映真实能力差距和需求的场景，但本章只讨论第 2 章中提出的一个场景。此外，本章重点关注 C2 和以网络为中心的能力，因此对其他能力领域没有像通信功能那样展开讨论。然而，由于 C2 是一种强制性能力，需要将所有其他能力领域绑定在一起，并要求各种能力之间协同工作才能成功执行，因此，对其他能力的考虑并不能完全避免。

# 9.3 军事通信替代方案介绍

了解未来战场军事通信的不同构成要素之后，我们就可以分析执行多功能军事任务时不同通信能力的替代方案。如前所述，在执行 C2 任务时需要发送单向或双向信息，C2 是一个影响深远的能力领域，应被视为一种黏合剂，可实现各种平台、系统、行动者、传感器和作战人员之间的连接。因此，C2 代表了军事能力领域的特征，在这方面，C2 不能与其他能力领域严格隔离。

发送者和接收者之间的距离是最重要的通信参数之一，即使作战人员之间距离很短，苛刻条件下的信息传递也容易产生误解，即使是在嘈杂环境中使用侦听保护设备的作战人员之间也是如此。如果声音部分不清楚，可以使用视觉代码帮助信息传递，这些标志的可见度受到天气、地形以及作战人员之间距离的极大限制，因此，听觉通信不能视为战场上可靠的通信方式。

如果采用有线通信网络，可以保证使用不受敌对事件影响的链路进行连接，且在行动区内可以使用，那么会产生巨大的战斗力倍增效应。如果这些连接以民用通信基础设施为基础，它们在城市和郊区往往无处不在。而民用通信基础设施可能会受到敌对活动的严重影响，这需要军事通信设施为发生故障的民用通信做备份。

当距离足够远，不得不使用无线电波时，将信息从发送方传递给接收方可有以下几种方案：

（1）使用民用通信网络实现节点之间的有线通信；

（2）通过构建有线军事通信网络（地下或在地面上不隐藏——这严重影响建立网络的时间）实现节点之间的有线通信；

（3）构建便携式网络；

（4）使用摩托车、雪上汽车或其他陆地车辆建设网络；

（5）使用 UGV 或无人机构建网络；

（6）从发送方到无线电杆采用有线通信，然后利用无线电波在空中传递信息；

（7）从发送方到无人机中继站、航空浮空器或气球采用有线通信，然后利用无线电波在空中传递信息；

（8）使用民用通信网络（如蜂窝移动网络）实现节点之间的无线通信；

（9）在军事通信网络中通过无线电杆、平台、作战人员和不同类型天线（包括 SDR 和 CR）实现节点之间的不同频段无线通信；

（10）从发送方到空中的无人机中继器、航空浮空器或气球采用无线通信，然后使用无线电波在空中传递信息；

（11）在军事通信网络中通过无线电杆、平台、作战人员和定向波束实现节点之间的不同波长无线光通信；

（12）从发送方到无人机中继站、航空浮空器或气球采用无线光通信，然后使用无线电波在空中传递信息；

（13）利用异构网络进行信息传输，例如，通过在作战区域广泛部署 WSN 网络路由通信信息；

（14）前方前进的部队，将信息留在特定地理位置，无论是进入 WSN 节点、智能机器，还是做标记都可以被稍后到达该位置的蓝色部队读取（重要的网络空间标志点，因为红色部队不可能读取和感知该信息）；

（15）信使使用步行、滑雪、摩托车、雪上摩托车或其他适合条件或地形的车辆通过物理方式将信息从发送方传递到接收方（信息通过与信使设备的物理连接或以纸张形式传递）；

（16）由无人机或无人车自动将信息从发送方送到接收方，或将目的地的地理位置引导至目的地（使用与车辆的物理连接读取信息）。

上述清单并不代表信息传递的全部方案，其中许多替代方案是相互关联的，例如，利用无人机进行通信中继，在未来可能会采取不同形式，不是使用一个空中中继器，而是由多个中继器组成一个本地网络，为地面用户提供通信资源。根据使用空中中继器可能受到的限制，可有几种备选方案，可以通过不同方式选择中继线路，也可以控制飞行平台的发射功率，或将飞行中继器靠近以提供中继器之间更安全的传输。在受到威胁的情况下，可采用上述清单中的第（13）种替换方案进行中继。通过提高自主性，可实现空中中继的蜂群化，由空中中继平台自行决定将信息传递给预定接收者的最佳方式。在某些情况下，先从发信人处获取信息并落地，然后再次起飞发送可能更好，但这并不适用于所有情况，尤其是需要准备好起降区域的重型平台。

在了解从发送方到接收方传递信息的各种方案后，我们在考虑这些方案时要注意不同环境（人口稀少、农村、郊区和城市环境）、不同距离和不同案例研究（单个作战人员、移动分布式作战人员群和车辆）。在这种情况下，平台可以在地面，也可以在空中。

## 9.3.1 使用民用通信网络实现节点之间的有线通信

在蜂窝系统——非对称数字用户链路（asymmetric digital subscriber line，ADSL）和超高比特率数字用户链路（very-high-bit-rate digital subscriber line，

VDSL）系统——出现之前，无论是在农村、郊区还是城市地区，有线电话线路的覆盖范围都很广，这些电话线仍被广泛用于为宽带（wideband，WB）互联网服务，4G LTE 网络已成为具有较高数据速率和较低价格的互联网接入服务提供商，如果这一趋势继续下去，有线电话线路可能会被淘汰。不过，从军事角度考虑到备份系统和恢复能力，使用商用有线电话线路可为话音传输、数据流量和用作定位网络的独立系统提供一种替代方案，而与天基资源无关。人口稀少的地区可能没有广泛覆盖，但可以在这些环境中进行通信，一方面，民用有线通信不易受到 EW 活动的影响；另一方面，它们很难免受物理损坏。对于老式话音通信，很难分析这些线路的安全性是否受到挑战。使用电话线进行 ADSL 数据通信，可以获得适当的数据传输速率，在这种情况下，发送方和接收方之间的距离并不重要，因为话音拨号可以在任何有线路的点之间进行。这种方法的缺点是它依赖可连接这些电话线的某些接入点，从而将覆盖范围限制在地理区域的某些特定点上，如果作战区域远离最近的电话服务接入点，那么在无法到达这些点的情况下，通信能力的性能或弹性就得不到改善。

## 9.3.2　通过构建有线军事通信网络实现节点之间的有线通信

由于 9.3.1 节的备选方案使用的是传统的商业电话服务，本节方案的重点是部署军用有线通信，从零开始建设线路，或将通信链路连接到现有的军用有线通信基础设施。

（1）构建便携式网络；

（2）使用摩托车、雪上汽车或其他陆地车辆建设网络；

（3）使用无人地面或空中平台构建网络。

对于军事部队来说，最佳的作战情况是利用现有军事通信基础设施，在可用时选择有线或无线接入方式。在预先计划的环境中开展行动的可能性很低，因此必须根据实时任务要求来实施通信。无线连接（尤其是在电磁静默中）的一个缺点是被探测到的概率很高，因此，由于有线连接不易被非动能手段破坏，不受电磁波影响，有线连接为部队之间的通信提供了机会。然而，建立这些有线连接需要时间，且必须确保有线连接安全，以防止敌对势力篡改、切断或窃听蓝军通信。此外，由于动能交战可能会破坏重要的有线连接，因此应制定相应的迁移预案以防万一。根据敌方资产清单、距离、OOB、环境条件和作战环境的不同，有线连接受到敌方部队影响的可能性确实存在。在城市环境中，军事网络可能有多个接入点，但通过建设从 A 点到 B 点的电缆线路来实现有线连接并不容易，因为街道顶部的电缆清晰可见，很容易受到该地区可能存在的敌对部队攻击。另外，在城市环境中，构建电缆连接的速度很快，因为对于作战人员和车辆来说城市路面质量很好，若该地区遭受空袭或其他形式的轰炸，则条件可能与森林中一样糟糕。此外，若城市地区人烟稠密，则不易发现电缆连接，任何环境下，使用无人机都不是建立有线电缆连接的理想方法，但这些飞行平台能够在城市和半城市环境中的高楼屋顶，以及乡村和人烟稀少的森林树木和山顶上架设电缆线路。如果将电缆线路架设在屋顶和树木的高处，通信线路被发现和破坏的可能性就会降低。动能武器爆炸时，如果交战集中在地表，电缆仍可正常工作。要从系统工程和作战分析的角度分析这些情况，关键因素是在作战区域内建立冗余的环形有线网络所需的时间，还要同时考虑探测和交战的可能性。在森林环境中（尤其是冬季），即使使用车辆，建立有线连接的速度也非常缓慢。也可通过将电缆埋入地下或排水管来隐藏有线连接，但这会严重影响建立连接的时间。在高强度场景下，这些有线连接视为一次性的，因为从蓝军角度来看，如果情况变糟，就没有时间收集电缆，蓝军撤退后，敌对势力很有可能继续占领该区域，那么最好让敌对势力无法使用现有的电缆连接。

### 9.3.3 从发送方到无线电天线杆采用有线通信，然后利用无线电波在空中传递信息

本节介绍如何构建无线电中继器或其他高空无线电设备的有线连接，商业和军用无线电链路均包括在内。使用有线连接到无线电链路的主要好处在于，点对点链路和扇区天线本质上是定向的，定向辐射有利于电子保护，因此通常无须使用全向辐射设备来连接无线电链路。虽然长电缆会严重衰减信号，且并不实用，但这种替代方法可为交战和探测时的通信提供保护。高无线电天线杆是特定区域内的重型结构，而低高度无线电天线杆可作为根据任务行动需要建立的移动设备。在100m距离内，使用电缆与无线电天线杆连接并不容易。对于采用移动无线电天线杆的实现方案来说，时间参数很重要，因为与有线连接相比，架设天线杆可能需要更长时间。移动无线电天线杆不是一次性的，因此在部队前往下一个目的地时，必须将无线电天线杆拆下并带走。竖立天线杆的时间为 $T_1$，拆卸和包装天线杆以便行军的时间为 $T_2$，建立与天线杆的有线连接的时间为 $T_3$，拆卸与天线杆的有线连接的时间为 $T_4$。如果作战节奏加快，这些时间对作战成功均至关重要。在城市和郊区环境中，高楼屋顶可能是安装天线的理想位置，因为建在地面上的无线电天线杆在 LoS 链路和严重衰减方面面临挑战。因此，城市环境并不是移动无线电天线杆的最佳位置，在许多情况下，这些天线杆必须适当远离大型建筑物。一方面，在城市环境中移

动无线电天线杆的探测概率可能会增加；另一方面，城市地区的频谱中存在大量信号，因此定向无线通信会与频谱中的其他通信信号混杂在一起。移动无线电天线杆也可能会受到与有线连接相同的干扰和接触情况的影响。在农村和人口稀少的森林地区，地形的利用比城市环境更有效，但要爬到较高的地形位置具有挑战性。虽然在森林环境中被探测的可能性受到一定限制，但由于在这种环境中很少移动，天线杆的位置可能会暴露给敌对势力。虽然定向无线电链路不易被探测到，但频谱内可能存在信号暴露的位置。此外，因农村地区人烟稀少，保护电缆连接和无线电天线杆不受干扰要比在城市环境中容易得多。

## 9.3.4 从发送方到无人机中继器、航空浮空器或气球采用有线通信，然后利用无线电波在空中传递信息

这种替代通信方式与前一个方案十分相似，但这里的无线电天线杆被无人机、航空浮空器或气球等飞行器取代，后者将空中的无线电信号转发到通信的另一端，而通信的另一端可能是类似的飞行器、无线电天线杆、地面站或地面车辆。使用空中飞行或运动平台的好处是可以增加 LoS 通信路径，同时避免不同的自然或人为障碍物的衰减效应。使用电缆连接飞行平台对通信保护问题同样适用。值得一提的是，飞行平台升得越高，连接地面和空中的电缆就越重。如果沉重的电缆在飞行时断开或切断，可能会对地面人员造成安全损伤。与地面无线电天线杆相比，使用飞行器作为中继的明显好处在于飞行器能够快速升空。航空浮空器或气球可能比无人飞行器慢一些，但在远处这些空中平台的可探测性都很低。从近距离看，这些平台的上升过程可能会被探测到，在天气晴朗的情况下，从更远的距离也可能看到来自表面的反射，但由于体积小，这些物体的雷达截面有限或不存在，具体取决于生产时使用的材料。

## 9.3.5 使用民用通信网络实现节点之间的无线通信

各代蜂窝和短程无线通信系统已成为现代社会的重要组成部分，在军事中利用这些技术已成为一种有吸引力的选择。由于商业部门在许多前沿领域引领着技术的进步，因此许多军事技术都以商业技术为基础。军用系统对安全性、防护性、鲁棒性和可靠性有更严格的要求，这促使军事技术朝着某些特定方向发展。保证安全性需要付出一定成本，执行这些安全要求会降低数据传输速率，频率的使用也会受到限制。因此，民用系统作为备份通信系统具有吸引力，并有更高的数据传输率可供选择。目前，许多安全和军事通信技术公司都

在提供将加固波形和商用波形整合在一起的通信产品，这代表了一条通往SDR 和 CR 的道路（尽管从定义上讲，这些并非真正的 SDR）。4G LTE 等蜂窝移动系统将基站部署在高处，具有较长的 LoS 路径，可为覆盖区域内的大量蜂窝移动用户提供服务。在大多数国家，蜂窝系统在有人居住的地区均有良好的覆盖，但在远离人口居住区的地方未被全覆盖。在许多地区，当移动用户从一个覆盖区移动到另一个覆盖区时，在现有技术下基站之间的切换均能顺利进行。城市和郊区拥有最好的蜂窝连接，但大量移动用户同时使用连接可能会严重影响实际可用的移动数据传输速率。农村地区提供中等水平的连接，但在人口非常稀少的地区，用户必须做好面对无法接入移动服务的准备，并可能需要转移到覆盖范围更好的地区以获得更可靠的服务。根据许多研究和预测，随着城市化进程在城市环境中的发展，使用商业技术对军事用户来说也是一个不错的选择。蜂窝系统容易受到许多威胁，但将军用频谱与民用频谱和政府频谱一起使用，可降低被发现的概率。目前 4G 系统可为移动用户提供高速传输速率，最大传输距离可达数十千米。许多 LTE 系统正在开发中，如 LTE Advanced、LTE 的物联网版本，以及一种融合不同技术的 5G 形式，可将连接扩展到前所未有的深度，为小型物体和移动终端提供网络连接。5G 需要更小的区域规模，因此需要多个小型基站，这些基站可由个人拥有。在撰写本书时，5G 的商业案例尚不明确。目前还没有明确的民用技术可覆盖从 100m 到数千米的范围。Wi-Fi 接入技术已成为 100m 以下短距离接入技术的主流，但也有蓝牙、ANT、ZigBee 和一些专有解决方案等短距离技术可供选择。Wi-Fi 技术提供了短距离内利用高速传输速率的可能性，但接入是基于用户之间的竞争，免费访问的 Wi-Fi 连接并不常见。一些 Wi-Fi 接入点需要注册，并按时间或服务质量收费。此外，公共 Wi-Fi 接入点可能会对连接安全构成挑战，据报道，许多网络攻击都选择针对 Wi-Fi 技术。

### 9.3.6 在军事通信网络中实现节点之间的不同频段无线通信

该备选方案侧重于使用几种军用通信技术进行无线通信。为提高鲁棒性，可能有一个有线骨干网络和一些冗余的有线通信路径，但我们还是要考虑在这种情况下使用无线连接。从作战角度看，使用军用通信技术可增强完成任务的信心，因为不必担心会像商业技术存在某些缺陷，因环境或敌对因素而受到影响。虽然任务和工作计划周密，但如果任务进展与预期不同，则需要制订替代计划。时间维度在任务规划中非常重要，因为如果形势发展迅速，规划就无法有效实施。许多武装部队在维护传统系统的同时，还在使用新的数字技术，这些技术是通往 SDR 和 CR 系统的必经之路。当使用多种技术且每个功能单元都有自己的设备时，就需要互联互通解决方案来确保不同系统之间能相互通信。部队需要对他们将在作战行动中使用的通信设备，组织相关人员进行专门培训。由于未来行动可能会发生变化，目前的培训并不能覆盖不同部队针对不同情形作出应对的所有可能发生的情况，这就需要对部队进行培训，使其不仅能使用自己的通信设备，还能使用其他部队的通信设备。由于培训包括通信以外的任务，这是军事教育面临的一个挑战。应对这一挑战的一个办法是建立一个覆盖范围较宽的架构，即武装部队的通信以通用平台为基础，并根据特定部队的需要对通用平台进行扩展。通用平台的好处在于，任何作战人员都能对设备和一般功能有基本的了解。如果以非常直观和用户友好的方式实施特定的扩展功能，将加快扩展功能的使用。这是 SDR 界几十年来一直追求的目标。

民用通信技术包括蜂窝移动通信和短程通信解决方案。关于未来战场的通信问题，需要更好地利用当地的通信环境，根据预测，未来的作战行动将是分散的、混合的、快速的，对单兵作战人员来说更具挑战性。因此，即使规模较小的部队也需要多种能力，而通信只是众多需求之一。为了保持或加快部队的高水平机动，较小的部队不可能将其通信装备随身携带到高强度的任务中。本地通信的一个选择是移动军用无线电台之间的直接通信。与移动无线电和蜂窝基站之间的通信距离相比，移动无线电台之间的通信距离有限。军用移动无线电台之间的大多数连接都将是非视距连接，无线电将非常靠近地面，没有无线电天线杆来改善电波传播条件。虽然民用个人移动无线电台的通话距离可达数千米，但对于发射频率不同、发射功率有限、对移动军用无线电台电池能耗有严格要求的 WB 移动军用无线电台来说，情况并非如此。因此，我们将讨论与军用移动无线电之间直接通信有关的以下问题：

（1）移动军用无线电台之间所需的最大通信距离是多少？

（2）WB 通信的距离较短，而窄带（narrowband，NB）通信的距离较长。

（3）延伸到更远距离的 NB 波形可提供蓝军跟踪服务和其他针对当地环境的态势信息。

（4）是否需要接收和转发功能，在一定范围内将信息转发给小组中的每个参与者（小组通信）？

（5）是否需要能够访问远距离军事基地站点的其他波形，或者同一波形是否适用于远距离通信，因为从某些地点开始可能有通往军事基地站点的 LoS路径？

（6）是否需要利用直接通信作为频谱探测器，作为第一阶段频谱感知，以利用 DSA 和其他 CR 功能？

建立军事通信网络需要时间，而在未来战场上，需要改进的一项功能就是移动通信。有必要在战场上使用无线电天线杆，因为通信基础设施永远无法满足抗毁顽存的需要。未来的行动是有时间限制的，因此对在野外建立和拆卸天线杆的时间要求很高。就通信性能而言，延伸到树顶或放置在高地的无线电天线杆备受推崇，但从作战行动角度来看，它们可能会被视为一种负担。在高强度行动中，天线杆越高，部队前往下一个目的地的行动就越迟缓。在许多情况下，这些通信系统在建造、拆卸或移动到下一个目的地时会切断与网络的联系。如果需要在第一根天线杆拆卸之前保持通信服务的正常运行，那么可以使用比主天线杆更容易拆卸、更短的轻型天线杆。这种保底的通信天线杆可以建在一个移动式无人平台上，在移动中建立与天线杆的无线连接。无人平台还能降低有人值守的通信站点遭受攻击的风险。在移动过程中，无人移动通信站点的天线杆必须相当短，但仍可提供通信服务，减少通信站点移动过程中的通信中断时间。这些备用天线杆和其他移动通信天线杆可以是无人驾驶的，在就位时有机会将天线杆升得更高。很明显，就目前技术而言，移动通信天线杆比不支持移动通信的静态天线杆更短。随着传感器和人工智能的大力发展，到2030年，自主通信站点将规划建立通信站的最佳位置，了解每个行为体的频谱，并事先知道何时开始移动到下一个目的地。

### 9.3.7　从发送方到无人机中继器、航空浮空器或气球采用无线通信

在这　备选方案中，我们考虑采用从地面到无人机、航空浮空器或气球的无线连接，在空中将无线电信号转发到通信的另一端，这将减少通信系统转移到下一个目的地时的通信中断时间。使用航空浮空器和气球不需要像无人机那样多的支持服务，但与无人机相比，将它们升空并返回地面可能需要更多时间。如果有时间，无人机可以在空中移动到下一个目的地。在大多数情况下，空空连接、地空连接和空地连接中都有LoS通信路径，因此从通信性能的角度来看，这种替代方案很有前景。与地面无线电天线杆相比，使用飞行平台作为中继的明显好处在于可以快速升空。在远处这些飞行平台的可探测性很低。在近距离内，这些平台的上升可能会被探测到，而在晴朗的天气下，在更远的距离也可能看到表面反射，作为小型物体，这些平台的雷达截面有限，甚至不存在，这取决于生产中使用的材料。从安全角度看，信号通过无线传输与飞行平台连接是其缺点。与地面移动无线电的全向天线相比，使用定向天线可以改善这一问题。随着技术进步，无人机的续航时间将得到改善，从而能够执行更长时间的任务，或许还能在前往下一个目的地的途中向蓝军提供通信服务，自主

转移到下一个作战区域。预计其起飞、着陆和重新起飞所需的时间比地面通信天线杆转移到下一个目的地所需的时间短得多，因此，目前对飞行时间的限制可能不像当初看起来那么重要。尽管使用无人驾驶平台需要一个保障团队，但它可能与保障通信站点的人员相当。

### 9.3.8　在军事通信网络实现节点间的不同波长无线光通信

在此，我们将讨论使用光通信的相关问题。由于无线电波会受到通信路径上的障碍物和距离的影响，因此使用光通信需要 LoS 路径，因波长很短，通信受到天气条件的严重影响。为了达到更高的光束密度，光通信系统本质上是定向的，需要发射器和接收器光束的精确对准。为获得良好的选择性，发射光束应较窄，而接收器则需要检测更大范围到达角度的入射光束。还有一些研究利用了激光波在城市环境中的衍射现象，在一定程度上缓解了系统对 LoS 链路的需求。如果激光波被分散成多个光束进行传播，这些系统就无法达到 LoS 系统所能达到的最高传输速率。在夜间短距离的清晰路径上进行光通信也许可行，但作为一种通用的 C2 技术，光通信的局限性太大，在多种通信环境和天气条件下的地地通信都不够可靠，因此不能将其作为部队间通信的唯一 C2 技术。为使地面通信达到最佳性能，光通信发射器和接收器应位于地势较高的地方，以便通信节点之间有一条不受干扰的路径。即便如此，有时也不足以提供高质量的链路，因为雾、雨和雪都可能危及链路状态。对于短距离而言，这种通信方式具有明显的优势。尽管功率有限，但短距离的数据传输对光功率要求较低，因此可实现较高的数据传输速率。

### 9.3.9　从发送方到无人机中继器、航空浮空器或气球采用无线光通信

我们目前考虑通过光学手段实现飞行平台间的双向信息传递，由于通信目的地位于空中，这种方案可规避地面节点间通信所面临的一些难题。然而，如果障碍物飞入了通信链路中，仍然会阻碍与空中的通信，因此，飞行平台应与地面节点保持较高的角度。由于天气原因，飞行平台应在低空飞行或流动，以免穿过云层发送电波。这种替代方案的一个明显好处是，由于采用了光学和定向通信形式，可以在地面和空中以较高传输速率收发大量数据，而且可探测性低。这种通信方式对于蓝军跟踪以及地面部队收集并提供态势图是一种很好的替代方案，该方案中空中平台之间进行无线电波通信。由于无线电波通信在空中很少是全向的，因此空空通信的可探测性很低，因此，空中平台之间没有明显的光通信需求，但在必要时可以采用。

### 9.3.10　利用异构网络进行信息传输

利用异构网络之前要将前述各种备选方案联合使用，因为利用异构网络可能意味着使用地面军用通信无线电台（各种形式的无线电，包括 SDR）；使用空中平台在空中进行长距离中继传输；使用商用民用有线和无线网络；使用本地连接，如物联网设备、RFID 设备或基于位置的服务；使用人工智能支持的通信技术，可支持不同类型波形的互操作性，提供认知支持以了解周围的频谱、行动者和政策，并具有学习和敏捷能力，以顺利控制异构网络内的操作。

为明确在异构网络中作战的严格要求，应注意以下几点：首先，不同的军用波形可以基于一个共同的架构，从而使技术之间的连接更加容易，但通常情况并非如此，因为很多产品都具有特定供应商的专属功能，而且在许多情况下，这些产品还在基本平台的基础上增加了额外功能；其次，有几种商业通信技术已经得到很好的验证，但它们可能并不直接适用于军事用途，过去，3GPP 和 WiMAX 之间存在竞争，现在物联网也是如此。最糟糕的替代方案是将一种商业技术用于军事目的，从而失去其市场主导地位。纯军用与军用/商用结合这两种解决方案都会给采购带来风险。前者虽能够直接控制通信的安全，但从能力角度看，单元成本高，可能无法令人满意。后者需要依赖商业技术，有可能在市场上挑选到错误产品，但较低的单元成本可达到所需的数量。如果选择了一个失去市场份额的解决方案，军方可能会为提供支持而支付额外费用，但市场份额的损失可能会促进安全性的提高，使其更接近一项成熟的军事技术。

### 9.3.11　为第二阶段蓝军小队在特定地理位置留下信息

在某些情况下，出于被发现的风险和安全性考虑，不允许信源的辐射或移动。由于信息无法通过电波或信使传递，一种替代方法是在特定地点留下信息，供第二波部队在特定时间取回。前方部队将信息留在特定的地理位置，无论是 WSN 节点、智能机器还是稍后到达同一地点的蓝军部队都可以读取标签中的信息（这是重要的网络空间点，因为红军部队不可能读取和感知信息）。

例如，A 连过去一天一直驻扎在作战区域 A1，并计划从该位置向南移动 10km，部队已预先计划了需要完成的任务和部队进展情况，已知 B 连将在 A 连离开后 12h 向作战区域 A1 以南 10km 处的作战区域 A2 前进。虽然作战任务都是提前规划好的，但很多突发情况很有可能改变 A 连或 B 连的计划。由于环境所限，B 连可能永远无法抵达作战区域 A1，而要留给 B 连的信息也可能永远丢失。我们假定 B 连有可能成功到达作战区域 A1，那么接收 A 连留下的信息仍将是一个挑战。显然，为避免被敌方部队探测到，A 连留下的设备不能主动发起通信，应作为被动设备运行，在收到近距离发送的、只有蓝军才知道密码的信息后才开始启动。设备应嵌入环境中，但仍可通过连接定位，还可以通过使用两个或更多设备来实现多层次安全，其中第一个设备为启动器，作为找到第二个设备的提示编码，第二个设备中包含从 A 连发送给 B 连的信息。设备的发射功率需要权衡利弊：若使用过大功率寻找来自作战区域 A1 的信息，对于扫描频谱的敌对系统来说，此功率可能会被探测到；定向传输会降低被探测到的概率，但使用非常窄的波束在该区域寻找接收器可能会很慢，而且很复杂。因此，要找到 A 连的信息，使用某种形式的 RFID 系统可能是正确的方法。克服大多数技术挑战的传统方法是在双方连队都知道的某个地点留下一封带有编码信息的信件。总之，这种通信方式并不能解决所有的 C2 挑战，但它提供了一种新的模式，即信息是静止的，但发送者和接收者是移动的。因此，这种替代方案可称为基于位置的服务。未来，B 连作战人员的 AR 应用可在作战人员终端的屏幕上精确定位。B 连的设备与嵌入式信息设备之间的通信将在后台进行，应用程序将从远处显示位置，并在作战人员接近设备时显示信息。这种形式的 AR 将丰富真实的作战环境，提供有关物体、地图和地形的信息以及遗留的军事信息，其中许多功能都需要 WB 访问网络资源，这就带来了大量有关网络安全的问题，以及黑客攻击 AR 应用程序的潜在危险。本书的重点不是网络问题，因此这些问题只是作为有待进一步研究的课题提出来。

## 9.3.12　通过信使以物理传递的方式将信息由发送方传递给接收方

在前一种方案中，信息是静止的，但发射器和接收器是移动的。这种替代通信方式中，由信使步行或使用有人驾驶的地面车辆来传递信息。因此，信息和信息发送者都是移动的，目的是通过无线或有线方式进行通信。当信息从 A 点亲自递送到 B 点时，一些技术挑战就会缓解。但值得注意的是，即使采用亲自递送的方式，安全仍可能受到威胁，因此，应充分考虑信息在送达目的地途中被敌方截获或篡改的可能性，且目标区域内军用车辆的移动可能会被探测到。在前面几种方案中，如果无线电天线杆和网络已经启动并运行，信息将在很短的时间内发送到目的地。由于交通、车辆类型、驾驶员、环境和地形条件、出入和安全程序等因素的影响，信息送达的平均速度会有很大差异。在某些情况下，信息可在军用无线电通信网络建立之前送达，因此实际送达速度可能更快。为保持整个通信链的非辐射性，应通过物理连接或视听手段在目的地读取信息。

### 9.3.13 通过无人机/车以物理传递方式送达信息

这一替代方案的重点在于无人平台信息传送。考虑到所有地形都可能对地面车辆的快速推进构成挑战，无人机是比无人地面车辆更快的替代方案。使用全球导航卫星系统导航和无人平台传感器数据对无人平台进行远程控制，只要无人系统有操作员，就需要在操作员和飞行器之间建立无线连接。无线控制可通过无线电或微波技术实现，后者能更好地传输图片和实时视频。由于微波信号的范围有限，控制站不能离平台太远，否则，就必须使用卫星通信来控制平台。通过卫星通信进行控制通常用于较大级别的无人飞行器，本书考虑的作战区域仅限于旅级和较小的军事编队，不考虑卫星通信，因此这里考虑的是中距或较低级别的无人系统。飞行器的实时视频和基于全球导航卫星系统的定位，是操作员引导飞行器到达目的地并向接收者发送信息的最关键要素。除全球导航卫星系统外，还可通过已建立地面站信号或多个无人飞行器之间的相对引导来实现导航。随着未来自主技术的发展，可以实现从源坐标到目的坐标的自主导航，自主飞行器不需要控制信号，这不仅降低了控制信号被探测到的概率，还消除了控制站与飞行器之间距离的限制。目前看来，自主系统可通过全球导航卫星系统导航至目的地，也可利用机载离线地图与机载多传感器数据融合分析进行导航。失去全球导航卫星系统支持的缺点在于，平台本身必须在地图上找到其位置，并且与环境中的传感器数据比对，离线地图可能不会像全球导航卫星系统那样精确。

## 9.4 评估通信替代方案的定性因子

采用 9.4 节和 9.5 节中定义的 5 个因子对不同环境下军事通信的不同备选方案进行评估。
(1) 距离因子；
(2) 鲁棒性因子；
(3) 安全因子；
(4) 容量因子；
(5) 时间推进因子。

选用前面讨论过的无线电波传播模型对距离因子进行定量评估，安全因子、鲁棒性因子、容量因子和时间推进因子则进行定性评估。许多情况下，不同因子的值会根据当前的作战态势向相反的方向变化。表 9.1~表 9.4 分别列出了定性因子各自的评估值。

## 9.4.1　鲁棒性因子

鲁棒性因子考虑的是特定通信备选方案受敌对活动或周围条件影响的程度。该因子可根据表 9.1 中的评估值取值。

表 9.1　鲁棒性因子评估值

| 值 | 描　　述 |
|---|---|
| 0 | 民用技术解决方案<br>没有针对环境条件的特定保护<br>在战斗中受到严重影响 |
| 1 | 军用级系统可抵御战斗中的环境条件和影响<br>系统包含关键失效点<br>系统中没有内置大范围冗余 |
| 2 | 使用民用级和/或军用级组件构建的分布式系统<br>系统提供多个冗余路径，使系统战斗中的抵御能力更强 |
| 3 | 专为最苛刻的环境设计的分布式冗余系统<br>为不易察觉的作战行动提供可能性 |

单个通信节点不需要军用级的鲁棒性。若网络由多个节点组成，能够通过不同路由传递流量，并能提供多个冗余路径，就具有鲁棒性。因此，具有较少冗余路径和关键故障点的军用级系统的鲁棒性因子值可能与高度分布式多跳民用系统相同。

## 9.4.2　安全因子

安全因子考虑的是特定通信方式被发现和破坏的难易程度。根据 2.4 节中介绍的场景，在第一阶段（第 1 部分）暴露蓝军部队不如在随后的两个阶段（第 2 部分和第 3 部分），因为蓝军部队的集结和可能的反击地点应尽可能保证安全。安全因子还要考虑是否能收集到关键信息、对方是否能进入通信路径中的系统以及系统是否受到保护，还有信息在通信路径上传递的风险水平，以及有人或无人平台在物理传递过程中的风险水平。该参数可根据表 9.2 中的评估值取值。

表 9.2　安全因子评估值

| 值 | 描　述 |
|---|---|
| 0 | 所选通信备选方案对通信路径、信使构成高直接风险等级或对整个作战单元（班、连、营）构成间接风险 |
| 1 | 所选通信备选方案对通信路径、信使构成中等直接风险等级或对整个作战单元（班、连、营）构成间接风险 |
| 2 | 所选通信备选方案对通信路径、信使构成轻微风险等级或对整个作战单元（班、连、营）构成间接风险 |
| 3 | 从作战角度看所选通信备选方案足够安全 |

### 9.4.3　容量因子

容量因子考虑的是使用特定通信备选方案可将多少数据从信源传送到目的地。在场景的第 1 部分和第 2 部分中，信息传输容易很必要，但更重要的是最关键信息的传输容量，而在第 3 部分中，城市环境有更多机会利用现有的有线通信基础设施。在评估通信备选方案时，可能需要更远的通信距离，这会降低可达到的数据容量。如果采用飞行平台、带有定向天线的高通信天线杆、有线通信以及有人或无人物理数据传输，则容量因子更为重要。这些参数值如表 9.3 所列。

表 9.3　容量因子评估值

| 值 | 描　述 |
|---|---|
| 0 | 通信备选方案的能力不能满足通信需求 |
| 1 | 就特定任务的需求而言，通信备选方案的能力有限 |
| 2 | 通信备选方案的能力适中，可为最相关的信息提供通信服务 |
| 3 | 通信备选方案的能力满足作战行动中的通信需求 |

### 9.4.4　时间推进因子

时间推进因子考虑的是将信息从信息源传送到目的地所需的时间。这些参数值如表 9.4 所列。

表 9.4　时间推进因子评估值

| 值 | 描　述 |
|---|---|
| 0 | 与红军的行动节奏相比，C2 链中的作战通信速度太慢 |
| 1 | C2 链中的作战通信速度有限，蓝军没有时间针对红军的行动节奏主动采取行动 |

| 值 | 描　　　述 |
|---|---|
| 2 | C2 链中的通信速度适中，可让蓝军针对红军的行动节奏主动采取行动 |
| 3 | C2 链中的通信速度足够快，可创造时间优势，并在红军行动节奏加快的情况下积极主动地开展行动 |

时间是军事任务中最重要的变量之一，尤其是在高节奏作战行动中。蓝军部队需要时间进行集结，为反击和保卫蓝方城市做好准备，因此，时间推进因子在场景的第 1 部分和第 2 部分非常重要，而在第 3 部分保护蓝方城市时则不那么重要。所有降低通信延迟的方法、通信元素的移动以及作战部队都与时间推进因子相关，不能为了减少通信延迟而降低部队和作战行动的安全性。

## 9.4.5　定性因子的讨论

前几节介绍的定性因子是相互关联的。例如，使用 50kb/s 的传输速率传输数据，一种备选方案是由摩托车上的信使进行物理传送，信使在 5min 内将 1TB 的信息从信息源传送到目的地，通信能力为 $50 \times 5 \times 60 = 15000 \text{kb} = 1.83 \text{MB}$。距离因子通过非常基本的无线电波传播计算方法来评估，目的是了解不同系统在不同环境下的典型距离范围，而不是进行精确计算。使用不同模型和方法进行无线电波传播计算会得出不同的结果，由于我们关注的未来场景没有精确三维地形和物体模型，因此不需要很高的精度。战争艺术包含不同情况下的突发事件，如果不对其他特征进行精确建模，那么只拥有高精度的传播建模是没有用的。距离因子仍然是一个重要参数，因为它定义了到最近的通信节点（目的地或中间节点）的路径长度。在较低的 VHF 频率下，可实现较长距离的通信，但数据传输速率可能会受到限制（容量因子），且需要较高的发射功率，伴随通信探测可能性的提高，安全因子也会降低。如果使用军用无线电，鲁棒性因子虽然比较高，但在军用 VHF 无线电系统传输速率受限的情况下时间推进因子可能会受到挑战。此外，指挥所非动能交战的增加以及指挥所位置移动的需要也会增加通信阻塞，因为拆卸天线杆系统、移动到下一个目的地以及重新启动这些系统都需要时间。

如前所述，有人或无人信息物理传输是一个很好的解决方案，因为现代数据存储系统可非常紧凑地存储几千兆字节数据。在这种情况下，容量因子的数值很高，但仍应与其他解决方案进行比较，因为在某些情况下，作战人员在信息源附近拥有 100Mb/s 的有线数据连接，那么有线网络传输所需的时间将少于 3min。距离因子再次发挥作用，作战人员可能会选择步行、自行车、摩托车或轮式装甲车进行物理传输。若出发地和目的地之间的距离为 5km，则物理传递信息分别需要 60min（步行）、30min（自行车）、6min（轮式装甲车）和 4min（摩托车）；若距离为 20km，则分别需要 240min（步行）、120min（自行车）、24min（轮式装甲车）和 16min（摩托车）。随着距离因子的影响，鲁棒性因子也会根据物理传送方式的不同而产生不同的值。虽然装甲车与其他替代方法相比最为稳健，但它可能在前往目的地途中成为目标，这同样会影响基于风险水平的鲁棒性因子。可探测性与安全因子相关，因此也可能不同。假定在物理传递时，不产生电磁频谱辐射。因此，平台需要一个影响安全因子的认证鉴权机制。

我们从不同角度来考虑这些场景，包括利用多变环境的特点、使用车辆或徒步前进、不同的机动参数、不同的探测概率，以及动能和非动能交战的威胁等。

由于没有密集的有线军事网络接入点，因此必须建立指挥站，将当地作战人员和远程指挥站点连接起来。30km×40km 的区域范围，需要在非直接交战地点建立多个指挥站点。

带有定向天线和高发射功率的高天线杆可覆盖整个区域，但本地无线连接的覆盖范围可能有限。根据 Egli 计算模型，典型的 5W 发射功率（BS 高度为 30m，MS 高度为 2m）在 100MHz 频率下的最大范围为 6.8km，在 400MHz 频率下为 3.4km，在 700MHz 频率下为 2.6km。车载军用无线电台可使用更高的发射功率和更高的天线，从而实现比作战无线电台更远的通信距离。改变指挥站位置的一个影响因素是指挥站的拆卸、移动到下一个位置以及重新建立指挥站的过程，如果拆卸需要 90min，建立需要 60min，以平均 40km/h 的速度向下一个目的地移动 15km，那么这个特定指挥站的时间延迟为 90 + 23 + 60 = 173min。无论延迟的数值是多少，它显然取决于人员能力、条件、平台和当前的行动阶段。在快节奏的作战行动中，该站点和部队在区域内寻找冗余接入点的延迟时间可能过长，如果链路传输速率为 2Mb/s，则传输信息损失为 173×60×1 = 10.38Gb = 1.3GB。

如果 4 个因子中有一个因子的值为零，且估算通信范围不足以满足应用要求，则该备选方案风险较高。在评估第 1~3 部分因子时，表格中还列出了各因子的总和。

## 9.4.6　在通信备选方案中作战行动节奏的重要性

在评估不同通信方案的时间推进因子时，第 1～3 部分的时刻表给出了红军先锋部队和主力部队在行动中不同阶段的平均速度，见表 9.5。

表 9.5　红军先锋部队和主力部队在行动中不同阶段的平均速度

单位：km/h

| 红军行动阶段 | 红军先锋部队平均速度 | 红军主力部队平均速度 |
|---|---|---|
| 第 1 部分 | 1.0 | 0.6 |
| 第 2 部分 | 0.4 | 0.6 |
| 第 3 部分 | 1.7 | 0.8 |

如表 9.5 所列，红军主力作战部队在第 1 部分和第 2 部分以大致相同的速度前进，但在第 3 部分加速。先锋部队在第 1 部分和第 3 部分以较高的速度前进，在第 3 部分加速到最高水平。在实际作战行动中，每个时间间隔内的前进速度并不相同，但平均速度是整个任务的一个重要考量因素。平均前进速度看起来很低，例如，远程交战平台在 2h 内推进 1.8km，但在攻击中，主力部队可能快速加速至 10 倍，而在最佳条件下，先锋部队的瞬时速度可能达到其20 倍。

# 9.5　基于传播模型和公共资源的通信距离定量估算

当发送方与接收方之间有多种通信方式可供选择时，评估不同的天线高度及通信强制性要求是非常重要的。

地面传感器的天线高度可低于 2m，作战人员携带的可部署天线高度一般为 2～3m，而车辆携带的天线高度可能为 4m，通信站或移动基站如果延伸到树顶，天线高度可达 25m，固定通信天线杆或蜂窝基站的高度可能达到 100m。如果通信链路的另一端接近地面，考虑地面反射通常使用平面地球模型。当发射器和接收器天线的高度从地面升高到 30m，天线虽具有全向辐射模式，但仍要考虑地面反射。如果在 30m 高的天线杆上使用定向天线，可用自由空间模型对该 LoS 通信链路进行评估。高空飞行器和无人机之间的通信可用自由空间模型进行评估，但如果这些平台与天线高度较低的地面用户进行通信，则必须再次考虑地面反射。正如平面地球的名称所示，平面地球模型不包括山丘、植被和森林等地形变化的影响，也不包括建筑物和结构体等人造障碍物的影响。

本书中没有使用精确的地图、地形或三维建筑模型，因此平面地球模型仅提供了对通信距离的粗略估计，但当它用于其他备选方案时，它同备选方案之间的关系也以同样的方式处理。自由空间模型、平面地球模型和 Egli 模型适用于场景中的第 1 部分和第 2 部分，第 3 部分中除了使用以前的模型外，还使用了 Okumura-Hata 模型和 COST231-Hata 模型，主要原因是第 3 部分发生在蓝方城市周边地区，可被归类为中小型城市，因此使用了这些经验模型。

根据所使用的空中平台类型，可考虑几种飞行高度，本节将重点讨论 2000m 以下的空域。

距离因子考虑的是使用特定通信备选方案所能达到的距离范围。如第 3 章所述，从几个开源平台收集到的接收机灵敏度一般参数为-100dBm。在距离计算中，从发射机的发射功率中减去灵敏度 dBm 水平（加上 20dB 余量），并根据传播方程求解最大距离。根据不同应用，常用的边际值在 5~30dB。在 Okumura-Hata 模型和 COST 231-Hata 模型的应用中，由于蜂窝系统中的发射机架在高天线杆上使用高功率，通常不会面临故意干扰，因此不扣掉 20dB 的余量值。自由空间损耗用于高空收发机之间的通信，地面天线被升高以克服地形障碍并使用定向天线。自由空间损耗方程不包含天线高度，但包含发射功率水平和载波频率。平面-地面损耗没有考虑地形影响，但考虑了路径另一端高度较低时发生的地面反射。平面-地面损耗方程不包含载波频率，但包含发射功率和天线高度。Egli、Okumura-Hata 和 COST231-Hata 路径模型包含了所有参数，所以需要更多精力来分析不同备选方案。需要注意的是，这些计算结果只能为使用不同频率和天线高度的通信距离提供近似参考，因为实际环境的特征因具体情况而异，例如，在某些情况下，最大通信距离超出了 Okumura-Hata 模型的范围（1~20km）。市面上有许多深入研究蜂窝系统建模和分析各种模型差异的书籍。如果使用 LoS 链路的自由空间损耗模型，以 5W 发射功率电平和-80dBm 接收信号电平计算通信距离，自由空间模型会给出非常乐观的结果，尤其是在 VHF 频率范围内，这是由于方程仅使用发射功率和载波频率作为输入参数，发射机和接收机天线高度的影响是计算理论最大通信距离的基本因素。表 9.6 列出了不同天线高度的无线电地平线计算结果，说明要实现最远的通信距离，LoS 通信链路的两端必须在更高的高度进行通信。无线电波向地球倾斜，使得实现比目视 LoS 路径更远的通信距离成为可能。无线电地平线确实是一个理论距离，因为发射天线和接收天线之间的路径上存在的所有障碍物都限制了实际可达到的通信距离。这在前面的菲涅尔区部分已经讨论过。

表 9.6　不同天线高度的无线电地平线计算结果

| 发端天线高度/m | 收端天线高度/m | 最大理论通信距离/km |
| --- | --- | --- |
| 2 | 2 | 11.7 |
| 4 | 2 | 14.1 |
| 4 | 4 | 16.5 |
| 10 | 2 | 18.9 |
| 10 | 4 | 21.3 |
| 10 | 10 | 26.1 |
| 30 | 2 | 28.4 |
| 30 | 4 | 30.8 |
| 30 | 30 | 45.2 |
| 100 | 2 | 47.1 |
| 100 | 4 | 49.5 |
| 100 | 30 | 63.8 |
| 100 | 100 | 82.5 |
| 300 | 4 | 79.7 |
| 300 | 30 | 94.0 |
| 1000 | 4 | 138.7 |
| 1000 | 300 | 201.8 |
| 2000 | 2000 | 368.9 |

## 9.6　场景中选定的通信备选方案分析

第 2 章中描述的场景设定了一周的事件时间线，红军部队在蓝军领土上发起进攻任务。任务目标是让红蓝边界附近的一个旅增援另一个旅来加强任务，从而让第一个旅推进到蓝军认为重要的地区。在本节分析中，场景将分为三个部分，分别发生在不同的环境中。第一部分是国家边境附近的领土防御战，在 B 国境内人口稀少的农村地区展开战斗。第二部分，沿着从边境到 B 国中部（蓝军）的道路进行的防御性撤退战斗展现了更多从红军行动的第一阶段撤退途中有限的战斗，该部分覆盖了郊区和人口稀少地区。由于蓝军缺乏防御力量和防御系统，无法阻止红军的进攻，但可以延缓，以便在红军向内陆进攻的途中集结更多兵力。第三部分也是最后一部分，即在关键区域附近的防御战，迅速转变为进攻反击以取得胜利。这一场景呈现的是蓝军从第一天起成功集结兵力的情况下在城市环境中的战斗。除了这三部分作战区域外，还考虑了蓝军在支援区域的通信情况，因为前进和防御部队的路线并不是唯一值得关注的主题。第一部分发生在红蓝双方边界附近，这对蓝军通信提出了要求。红军有许多有利地点，可在边界附近对蓝军进行情报、监视、目标捕获和侦察（intelligence，surveillance，target acquisition and reconnaissance，ISTAR）活动。蓝军部队的集结和对红军行动的应对调整必须保持静默，C2将侧重采用无线电覆盖范围有限的通信技术、卫星通信、有线通信或使用信使。使用民用通信网络也不失为一种选择，但必须进行一定的保护并具备冗余，以实现网络空间的弹性。由于红军的攻击在场景一开始就迫在眉睫，蓝军的聚焦重点是那些能够为红军部队从边境向内陆推进提供最佳条件的区域和地形。除准备该地区的防御行动外，蓝军还必须在边境附近的其他地区进行监视，以监控非法越境行为。部队的主要力量必须集中在防御任务上，因此需要开展大规模的 ISTAR 活动，以应对该地区数量不受限制的作战人员，首选方案是利用卫星或短波通信在整个区域执行 C2 任务，但在此场景中不考虑这些技术。覆盖区域为 100km×40km，需要多个节点、作战人员或移动系统，以便从边境到指挥中心进行有效监视和通信。当地的防御任务和支援区域的监视任务都将利用现有的任意军事骨干网络，无论是基于链路的网络、天线杆的网络、光纤网络还是基于电缆网络，广泛覆盖的民用蜂窝系统也可作为通信组合的一部分。在红军发动攻击之前，蓝军的民用和军用网络受到网络空间战行动的影响，致使边境附近地区和其他部分的网络容量低于正常水平，一些雷达和基础设施在红军的空袭中受损，给态势感知、通信网络和后勤中心的有效覆盖带来了困难。

如本场景所述，红军在收集系统和部队方面比蓝军占优。因此，蓝军必须以防御的方式开展行动，限制红军部队推进，以便为支援蓝军部队争取时间，建立系统和部队结构，在未来战斗中占据更有利的位置。蓝军需要在总部、指挥所、步兵连、机械化营、野战炮兵连、工兵连、ISR 连、EW 连和后勤中心之间建立并保持指挥链。由于蓝军和红军在靠近蓝红边界的 50km 纵深内的同一地区作战，因此红军编队的接近程度会影响通信方式的选择，应在广域范围内安排通信，但也应考虑广泛分布的 ISR 活动。在网络空间、电子战、ISR 和交战威胁下的通信问题需要仔细考虑。此外，后勤中心的性能和保护也受到空袭、运送路线受损和网络域诸多限制的影响。蓝军主力部队成功减缓了对内陆的攻击，但部分部队的分布偏离了主要攻击方向，一些本应在行动中提供支援的蓝军战斗部队不见了踪影。红军中型作战级无人机偶尔会飞越蓝军领土，大多数无人机带有 ISR 有效载荷，但其中一些平台可能携带动能或非动能交战有效载荷。蓝军有能力在一定程度上限制红军无人机的行动，但空中的可视范围很广，蓝军为未来阶段行动的训练和安排不可能悄无声息地进行。场景的三个部分是根据从蓝红边境到蓝城的直线距离，沿着最重型军用车辆的最佳路线确定的。第一部分覆盖从边境到蓝城的 30km，接着是第二部分的 40km 撤退阶段，第三部分是到蓝城的最后 30km。为了执行 ISR 任务和反击，从边境到蓝城的直接路径以及 20km 宽的主要路径都很重要。在考虑不同的通信方案时，需要在几个关键点接收和转发信息，这里不包括短波和卫星（表 9.7 ~ 表 9.14）。

表 9.7　不同天线高度下基于平面–地球模型（地面反射）
使用不同天线高度和 −80dBm 接收信号电平目标 5W 发射机和
目标接收信号电平为 −80dBm 时的最大通信距离

| 发端天线高度/m | 收端天线高度/m | 最大通信距离/km |
| --- | --- | --- |
| 2 | 2 | 1.7 |
| 4 | 4 | 3.4 |
| 4 | 2 | 2.4 |
| 10 | 2 | 3.8 |
| 10 | 4 | 5.3 |
| 10 | 10 | 8.4 |
| 15 | 2 | 4.6 |
| 15 | 4 | 6.5 |
| 15 | 10 | 10.3 |
| 15 | 15 | 12.6 |
| 150 | 2 | 14.6 |
| 150 | 4 | 20.6 |
| 150 | 10 | 32.6 |
| 150 | 30 | 56.4 |
| 300 | 2 | 20.6 |
| 300 | 4 | 29.1 |
| 300 | 10 | 46.0 |
| 300 | 30 | 79.8 |
| 1000 | 2 | 37.6 |
| 1000 | 4 | 53.2 |

| 发端天线高度/m | 收端天线高度/m | 最大通信距离/km |
|:---:|:---:|:---:|
| 1000 | 10 | 84.1 |
| 1000 | 30 | 145.7 |
| 2000 | 2 | 53.2 |
| 2000 | 4 | 75.3 |
| 2000 | 10 | 119.0 |
| 2000 | 30 | 206.1 |

表 9.8　载波频率为 100MHz 的发射机（天线增益为 0dBi）不同
天线高度下基于 Egli 模型（不规则地形）的发射机
（天线增益为 0dBi）使用不同天线高度，目标接收信号
电平为 -80dBm 载波频率为 100MHz（天线增益为 0dBi）的
5W 发射机和目标接收电平为 -80dBm 时的最大通信距离

| 发端天线高度/m | 收端天线高度/m | 最大通信距离/km |
|:---:|:---:|:---:|
| 10 | 2 | 3.9 |
| 30 | 2 | 6.8 |
| 50 | 2 | 8.8 |
| 150 | 2 | 15.2 |
| 300 | 2 | 21.4 |
| 10 | 4 | 4.7 |
| 30 | 4 | 8.1 |
| 50 | 4 | 10.4 |
| 150 | 4 | 18.0 |
| 300 | 4 | 25.5 |
| 10 | 10 | 5.9 |
| 30 | 10 | 10.1 |
| 50 | 10 | 13.1 |
| 150 | 10 | 22.7 |
| 300 | 10 | 32.1 |

表 9.9　基于 Egli 模型（不规则地形），400MHz 载波频率下的 5W 发射机（天线增益为 0 dBi），使用不同天线高度在−80dBm 接收信号电平目标时的最大通信距离

| 发端天线高度/m | 收端天线高度/m | 最大通信距离/km |
|---|---|---|
| 10 | 2 | 2.0 |
| 30 | 2 | 3.4 |
| 50 | 2 | 4.4 |
| 150 | 2 | 7.6 |
| 300 | 2 | 10.7 |
| 10 | 4 | 2.3 |
| 30 | 4 | 4.0 |
| 50 | 4 | 5.2 |
| 150 | 4 | 9.0 |
| 300 | 4 | 12.8 |
| 10 | 10 | 2.9 |
| 30 | 10 | 5.1 |
| 50 | 10 | 6.6 |
| 150 | 10 | 11.3 |
| 300 | 10 | 16.0 |

表 9.10　基于 Egli 模型（不规则地形），700MHz 载波频率下的 5W 发射机（天线增益为 0dBi），使用不同天线高度在−80dBm 接收信号电平目标时的最大通信距离

| 发端天线高度/m | 收端天线高度/m | 最大通信距离/km |
|---|---|---|
| 10 | 2 | 1.5 |
| 30 | 2 | 2.6 |
| 50 | 2 | 3.3 |
| 150 | 2 | 5.7 |
| 300 | 2 | 8.1 |
| 10 | 4 | 1.8 |
| 30 | 4 | 3.0 |
| 50 | 4 | 3.9 |
| 150 | 4 | 6.8 |
| 300 | 4 | 9.6 |
| 10 | 10 | 2.2 |
| 30 | 10 | 3.8 |
| 50 | 10 | 4.9 |
| 150 | 10 | 8.6 |
| 300 | 10 | 12.1 |

表9.11　基于 Okumura-Hata 模型，400MHz 载波频率下的25W 发射机
（天线增益为0dBi），使用不同天线高度在−100dBm 接收信号电平
目标时的最大通信距离

| 发端天线高度/m | 收端天线高度/m | 小型或中型城市<br>最大通信距离/km | 郊区区域最大<br>通信距离/km |
|---|---|---|---|
| 30 | 2 | 6.8 | 11.5 |
| 30 | 4 | 9.0 | 15.2 |
| 30 | 10 | 21.0 | 35.5 |
| 100 | 2 | 14.0 | 25.2 |
| 100 | 4 | 19.2 | 34.4 |
| 100 | 10 | 49.1 | 88.0 |
| 150 | 2 | 18.6 | 34.1 |
| 150 | 4 | 25.8 | 47.2 |
| 150 | 10 | 68.3 | 125.2 |

表9.12　基于 Okumura-Hata 模型，700MHz 载波频率下的25W 发射机
（天线增益为0dBi），使用不同天线高度在−100dBm 接收信号电平
目标时的最大通信距离

| 发端天线高度/m | 收端天线高度/m | 小型或中型城市最大<br>通信距离/km | 郊区区域最大<br>通信距离/km |
|---|---|---|---|
| 30 | 2 | 4.5 | 8.3 |
| 30 | 4 | 6.2 | 11.4 |
| 30 | 10 | 16.1 | 29.6 |
| 100 | 2 | 9.0 | 17.6 |
| 100 | 4 | 12.7 | 25.0 |
| 100 | 10 | 36.6 | 71.8 |
| 150 | 2 | 11.7 | 23.5 |
| 150 | 4 | 16.8 | 33.9 |
| 150 | 10 | 50.3 | 101.3 |

表9.13　基于 Okumura-Hata 模型，1350MHz 载波频率下的25W 发射机
（天线增益为0dBi），使用不同天线高度在−100dBm 接收信号电平目标时的
最大通信距离

| 发端天线高度/m | 收端天线高度/m | 小型或中型城市最大<br>通信距离/km | 郊区区域最大<br>通信距离/km |
|---|---|---|---|
| 30 | 2 | 2.8 | 5.8 |
| 30 | 4 | 4.0 | 8.3 |
| 30 | 10 | 11.8 | 24.3 |

续表

| 发端天线高度/m | 收端天线高度/m | 小型或中型城市最大<br>通信距离/km | 郊区区域最大<br>通信距离/km |
|---|---|---|---|
| 100 | 2 | 5.3 | 11.8 |
| 100 | 4 | 7.9 | 17.5 |
| 100 | 10 | 25.9 | 57.7 |
| 150 | 2 | 6.8 | 15.5 |
| 150 | 4 | 10.2 | 23.5 |
| 150 | 10 | 35.2 | 80.8 |

表 9.14　基于 COST 231-Hata 模型，1800MHz 载波频率下的 25W 发射机（天线增益为 0dBi），使用不同天线高度在-100dBm 接收信号电平目标时的最大通信距离

| 发端天线高度/m | 收端天线高度/m | 最大通信距离/km |
|---|---|---|
| 30 | 2 | 2.2 |
| 30 | 4 | 3.2 |
| 30 | 10 | 10.0 |
| 100 | 2 | 4.1 |
| 100 | 4 | 6.2 |
| 100 | 10 | 21.7 |
| 150 | 2 | 5.2 |
| 150 | 4 | 8.0 |
| 150 | 10 | 29.3 |

## 9.6.1　第一部分的分析

第一部分考虑的是红军从边境内 50km 处向蓝军推进，以控制蓝军（距边境 50km 处）靠近蓝军城市（距边境 100km 处）最快路线的狭长地带。在这一部分结束时，红军主力两天内前进了 30km，而红军前锋集团两天内前进了 50km。红军的推进迫使蓝军后撤，并沿进攻路线分布。蓝军主力利用基础设施中现有的有线连接点，这一部分在郊区进行，那里与固定骨干网络的连接不如城区。蓝军主力部队将利用在特定地点设立的指挥站，以最佳方式支持蓝军行动。在前线使用无线电通信时，各部队之间最好使用有线连接、信使和定向链路，指挥站的天线杆要高过地形顶部，并配备定向天线，

以防被发现和干扰。该场景描述中包含无法在低空安全运行的敌对中型作战级无人机，因此，第一部分更倾向于使用战术无线电链路。如果小型战术无人机有机会推进到指挥站之间的 LoS 路径上并干扰通信流量，情况就会不同。随着战斗打响和红军的成功推进，蓝军部队有必要在撤退行动中更换指挥所的位置。如果作战节奏加快，通信站的及时分离、转移和建立将变得更加重要，因此，应考虑时间推进因素。当指挥所要转移到未来目的地时，可能没有足够时间收集现有有线电缆或进行光纤连接。问题是，当大部队转移到关键地区时，是否需要提供通信服务。如前所述，配备通信站和可伸缩天线杆的无人地面车辆可在主力部队出发前往下一个目的地后，成为维持通信服务的一种选择。此外，基于天线杆的通信站无法很好地支持移动中指挥的概念，因为能力最强的天线杆需要固定位置才能进行有效通信。为解决这一难题，蓝军无人机（作为空中中继站）在前往下一个目的地时，可与车载 VHF、UHF 或 SHF 频段通信终端连接。类似概念也可用于民用或安全 LTE 技术，其中无人机中继站可作为 LTE 移动站或可部署的 LTE 基站，如果为作战区域提供服务的地面 LTE 基站被摧毁，而没有其他冗余通信替代方案，无人机中的普通 LTE 移动站模式就能转移地面服务。如果无人机内包含可部署的 LTE 基站，则可在 LTE 无人机中继站未损坏的时段为地面用户提供 LTE 服务。例如，基于地面的物联网传感器网络（WSN）在情报、监测关键区域方面可能会大有裨益。然而，第一部分的作战节奏非常快，因此最好在冲突开始前就为重要地区准备好 WSN，第 4 章中介绍的关于情境感知的案例并不适用，因为在某些地点留下信息以确保行动安全会带来以下风险：

（1）红军的攻击速度非常快，蓝军部队使用这些智能设备存储本地信息可能永远不会被蓝军读取，但可能会被红军部队破坏，从而增加行动的风险。

（2）除非事先知道蓝军部队的行动情况（这种情况很少见），否则很难确定智能设备的适当位置。

（3）智能设备的一个主要特点是信息的局部性，以避免长距离覆盖。考虑到主要目的，扩大通信范围以更容易找到智能设备并不是一个好的选择。为解决这一问题，蓝军分队可事先商定本地信息存储的可能地理坐标，以方便寻找智能设备。

（4）智能设备的访问应严格仅限于蓝军终端以保护信息。

红军进攻的主要方向对蓝军部队来说至关重要，同时对红军部队推进中偏离进攻方向的分布以及其他可能通往蓝方城市的路线进行大面积监控也同样重要。能够在没有支援部队帮助的情况下从偏远地区建立通信联系成为一个关键的能力需求，可能的解决方案是使用卫星或短波通信。战术通信指挥站也可以作为分散和远距离部队的一种通信解决方案，但如果没有足够的部队来尽可能悄无声息地确保这些地点的安全，这种方案将受到挑战。还可以利用特定地点的固定民用或军用通信基础设施，但这些地点可能并不在偏远地区和分散的作战人员附近。因此，必须考虑采用不同的方法向这些接入点发送信息。大多数国家的 LTE 网络能很好地覆盖大部分居民区，因此民用或安全 LTE 将是一种传输解决方案。作战人员之间也可使用短程或中程无线自组网（MANET）通信，但从信源到目的地的链路需要不间断连接不同的跳点。同一部队的多组作战人员往往在行动中距离较近，因此，无线自组网替代方案具有优势，包括传输功率低，不会从发射器辐射到很远的地方。通过寻找最近的蓝军作战人员的位置并相互靠近以建立连接，可能会缓解无线自组网中断的情况。无线自组网节点应存储当前位置（如 GPS 坐标），并维护邻近节点及其坐标的列表。由于无线自组网节点知道邻近节点以前的位置，因此有可能估算出邻近节点当前的未知位置。另外寻找蓝军作战人员位置的方法是使用临时升空航空器或无人机，它们可能会飞越分布式部队行动的区域。如果蓝军地面节点无法探测到作战人员的位置，那么使用空中平台来确定蓝军部队的位置也不会有效，但这些平台可以为远方的作战人员提供通信服务。虽然从地面到空中没有连续的 LoS 通信，但偶尔的可见性足以在一定时间间隔内获取位置。航空浮空器从固定位置探测的能力较低，但不像无人机那样需要广泛的保障团队。无人机可以覆盖更大的区域，探测蓝军阵地的能力更强，但其工作时间有限，需要更多的支持。由于作战人员的分布不在红军主攻部队的方向，因此在这些阵地使用飞行平台不像在前线那么危险。如果使用航空器或无人机，传递信息的最佳方式是在空中将信息中继至远处的航空器或无人机。飞行通信系统的高度限制了地面用户之间的通信方式和覆盖范围，但必须注意因障碍物导致的空地链路性能的变化。

　　如表 9.15 所列，可部署的军用 LTE 通信和载人平台的物理传递获得了最高的评估分数，其次是中型无人机的物理传递。虽然航空器能够提供远距离通信，但其安全因子和容量因子的评价低于可部署军用 LTE。考虑到第一部分中的高强度，有人驾驶地面平台的物理传递被认为比无人机更鲁棒、更可靠。

表 9.15　第一部分　通信替代方案的特点

| 发 射 机 | 接 收 机 | 范围估计值/km | 与公共资源的距离/km | 鲁棒性因子 | 安全因子 | 容量因子 | 时间推进因子 | 总因子 |
|---|---|---|---|---|---|---|---|---|
| 无线电战术 100MHz 5W 无线电 (2m 战斗机) | 无线电战术 100MHz 5W 无线电 (2m 战斗机) | 1.7 | 2 | 2 | 2 | 1 | 1 | 6 |
| 无线电战术 100MHz 5W 无线电 (30m) | 无线电战术 100MHz 5W 无线电 (2m 战斗机) | 6.8 | 8 | 2 | 2 | 1 | 1 | 6 |
| 无线电战术 400MHz 5W 无线电 (30m) | 无线电战术 400MHz 5W 无线电 (2m 战斗机) | 3.4 | — | 2 | 2 | 2 | 1 | 7 |
| 无线电战术 5W 无线电 (2m 战斗机) | 150m 高度航空器 | 14.6 | — | 1 | 1 | 1 | 2 | 5 |
| 可部署的军用 25W LTE 基站 (15m) | 军用 LTE (2m 战斗机) | 5~9 | 5~8 | 1 | 3 | 3 | 2 | 9 |
| 无线传感器节点 100mW，2400MHz | 无线传感器节点 100mW，2400MHz | — | 0.1 | 2 | 1 | 0 | 0 | 3 |
| 物理传递，载人车辆 | 物理传递，载人车辆 | 10 | — | 2 | 1 | 3 | 3 (50km/h) | 9 |
| 物理传递，UGV | 物理传递，UGV | 10 | — | 1 | 1 | 3 | 2 (30km/h) | 7 |
| 物理传递，UAV (小型) | 物理传递，UAV (小型) | 2 | — | 0 | 0 | 3 | 2 (20km/h) | 5 |
| 物理传递，UAV (中型) | 物理传递，UAV (中型) | 15 | — | 1 | 1 | 3 | 3 (70km/h) | 8 |

## 9.6.2　第二部分的分析

第二部分沿边界向 B 国中部地区推进的防御撤退战斗，主要目的是减缓红军的进攻速度和蓝军向内陆移动的速度，因为蓝军不足，战斗无法继续。在第二部分结束时，红军主力在三天内从第一部分的终点位置前进了 40km（距离边境 70km），而红军前锋集团军前进了 30km（距离边境 80km）。蓝军主力几乎没有其他选择，必须保持向蓝城快速移动的能力。此外，一些部队可能会沿主要道路分布，但他们无法长时间持续反击，因为他们没有随时待命的支援部队，从边境到蓝城基本都呈现郊区和人口稀少地区混合分布的特点。由于蓝军部队必须撤退，因此不同部队之间必须保持通信和指挥链的畅通。几次战斗可能迫使蓝军部队形成从蓝军视角看不太有利的队形，因此各部队不得不依赖一些平时很少使用的通信方式。各部队之间没有联系，缺乏常规的支援部队要素，以及不断提升的交战水平，都阻碍了蓝军的机动自由。尽管处于不熟悉的环境中，但地形提供的机会和威胁也必须加以利用，以保持蓝军部队的协调性。由于情报部队在边境附近的广阔区域执行监视任务，新部队已成功推进到边境地区，在那里他们可以有限的方式与推进中的红军部队交战。随着更多的蓝军部队靠近边境，蓝军从边境收集态势感知数据的能力增强，他们需要将信息传递给移动中的主力部队和蓝方城市中的部队，远离主要攻击方向的蓝军部队必须保持安全，但影响了信息的传递。应最大限度地提高蓝军向蓝城推进的速度，最大限度地降低红军的速度，乃至完全停止红军的行动，或从红军的角度将红军的行动引导到最不利的道路上。蓝军主力部队现在必须使用通信手段，因为已经知道部队的行动目标，他们必须了解先前地点和边界附近的情况。持续移动对通信的挑战很大，就像可以有条不紊地安装指挥站的地点也同样很少一样。由于红军已成功地在蓝军领土上使用了无人平台，蓝军必须做好准备，以应对红军行动中的中型和小型无人机的监视、瞄准和交战。与第一部分相比，这次防御撤退行动需要提高速度和机动性，因为红军的强大车队正沿着主要道路向蓝方城市推进。蓝军仍需要时间集结兵力保护蓝方城市的外围，并必须沿主要道路减缓红军部队的推进速度，第一部分中在广阔区域执行 ISR 的部队也同样适用于这一部分。由于红军主力部队集中在通往蓝方城市的主要道路上，战术指挥站可被用于广域监视，将指挥站转移到其他地点没有严格的要求，UGV 的车载指挥站也可应用于此，要进入向其他站点发送和接收信息的最佳地点，需要具备在崎岖地形中前进的能力。轮式 UGV 可沿不同质量的道路前进，从而提高机动性，但代价是指挥站选择地点可能不会太理想，且指挥站可能只在事先商定的特定时间工作。在这些偏远地区，使用固定的军事通信基础设施和骨干网络可能会受到限制。民用或安全的 LTE 通信在偏远地区有一定的覆盖范围，可用于发送某些信息。为实现最低的通信路径损耗，在大范围 ISR 部队和指挥所之间的通信中可使用无人机或航空浮空器。在偏远地区执行任务的部队面临的一个挑战是，对无人机或航空器通信的支持有限，而且被探测到的概率较大。因此，必须限制无人机或航空浮空器的尺寸，但这缩短了工作时间、有效载荷和在不同天气条件下飞行的能力。较小的平台可以利用地形的遮挡来限制可探测性，而且它们有能力在低空飞行。但同时，无人机或航空浮空器较低的飞行高度限制了地面用户对平台的可见度，以及作战终端与无人机之间 LoS 路径的使用。此外，无人机或航空浮空器飞行高度越低，对地面用户的覆盖面积就越小。如果使用航空器或无人机，传递信息的最佳方式是在空中将信息中继给远处的航空器或无人机。如果不可能使用空空中继，则可由无人机、无人地面车辆或未来不需要平台辐射通信信号的自主无人系统，在信源和目的地之间进行物理信息传输。信源和目的地之间的距离决定了对无人机系统类型和大小的能力要求。小型无人机可能适合在理想条件下执行任务，但必须考虑天气和季节因素，例如，中等风力可能会严重影响小型无人机的性能。使用人工从信源到目的地的信息传递方式也应该被考虑，因为这种替代方法可以在整个路径上保持人的实际存在。人的存在可以规避技术运作和可靠性方面的许多弱点，并可验证平台在抵达目的地或途中是否发生任何损坏。在运动交战的情况下，与小型无人机相比，人类更容易受到伤害；但在非运动交战的情况下，如果人类在交战期间不接收信号，则对作战人员的影响相当小。因此，权衡执行任务的不同选择不仅是一个通信或 C2 问题，也是一个作战分析问题。选择不同的解决方案，会对执行主要任务的能力造成许多直接和间接的影响。

如表 9.16 所列，可部署的军用 LTE 通信、战术军用无线电台以及有人和无人平台的物理传递获得了最高的评估分数。在使用物理传递时，时间推进和容量因子的值更高。由于第二部分的条件与第一部分不同，航空器替代方案可能因其范围更广而更具有价值。

表 9.16　第二部分　通信替代方案的特点

| 发　射　机 | 接　收　机 | 范围估计值/km | 与公共资源的距离/km | 鲁棒性因子 | 安全因子 | 容量因子 | 时间推进因子 | 总因子 |
|---|---|---|---|---|---|---|---|---|
| 无线电战术 100MHz 5W 无线电（2m 战斗机） | 无线电战术 100MHz 5W 无线电（2m 战斗机） | 1.7 | 2 | 3 | 3 | 1 | 2 | 9 |
| 无线电战术 100MHz 5W 无线电（30m） | 无线电战术 100MHz 5W 无线电（2m 战斗机） | 6.8 | 8 | 3 | 3 | 1 | 2 | 9 |
| 无线电战术 400MHz 5W 无线电（30m） | 无线电战术 400MHz 5W 无线电（2m 战斗机） | 3.4 | — | 3 | 3 | 1 | 2 | 9 |
| 无线电战术 5W 无线电（2m 战斗机） | 150m 高度航空器 | 14.6 | — | 2 | 2 | 1 | 3 | 8 |

续表

| 发 射 机 | 接 收 机 | 范围估计值/km | 与公共资源的距离/km | 鲁棒性因子 | 安全因子 | 容量因子 | 时间推进因子 | 总因子 |
|---|---|---|---|---|---|---|---|---|
| 可部署的军用25W LTE基站（15m） | 军用LTE（2m战斗机） | 5~9 | 5~8 | 1 | 3 | 3 | 2 | 9 |
| 无线传感器节点100mW，2400MHz | 无线传感器节点100mW，2400MHz | — | 0.1 | 2 | 1 | 0 | 0 | 3 |
| 物理传递，载人车辆 | 物理传递，载人车辆 | 10 | — | 2 | 2 | 3 | 2（50km/h） | 9 |
| 物理传递，UGV | 物理传递，UGV | 10 | — | 2 | 2 | 3 | 1（30km/h） | 8 |
| 物理传递，UAV（小型） | 物理传递，UAV（小型） | 2 | — | 0 | 0 | 3 | 0（20km/h） | 3 |
| 物理传递，UAV（中型） | 物理传递，UAV（中型） | 15 | — | 1 | 2 | 3 | 3（70km/h） | 9 |

## 9.6.3 第三部分的分析

第三部分从通信角度看，描述了发生在部分蓝军部队分布的城市、郊区和人口稀少地区等关键区域附近的防御战以及为赢得战斗而迅速转入的进攻反击战，这是场景的最后阶段。这部分结束时，红军主力在一天内从第二部分的最终位置（距离边境80km）推进了10km，而红军前锋部队到达了蓝城（距离边境100km）。蓝方城市可提供通信基础设施，以及后勤中心和转运路线的适当位置，但是也包括需要保护的平民，因此对蓝军非常重要。红军的激烈交战迫使蓝军部队要根据环境以及常规军事通信服务尚未完全建立的情况选择阵地。蓝军部队成功地将支援部队调至蓝城周边，以加强保护。红军成功将一个旅的主要力量带到了蓝方城市周边。远离主干道的蓝军部队正在边界附近观察红军部队的集结情况，以确定红军是否会成功将第二个旅带到蓝军领土。网络空间行动已导致蓝军网络容量降至正常容量的50%，军事网络和民用网络的可用时间约为50%。红军已开始使用小型蜂群战术无人机，无人机与载人平台的协同及其在不同环境中悄无声息、不被发现前进的能力对蓝军构成了挑战。

城市化是一个长期的全球趋势，会对社会、环境和经济产生诸多影响。由于军队的首要任务是保护国家领土免受武装攻击，因此在军事规划中必须考虑城市化的趋势。根据战争原理，与防御方相比，战斗中的进攻方显然需要更多的兵力来提高战场成功的概率。过去，城市环境中的军事行动对进攻方来说是一项挑战，因此得出的结论是，城市环境比其他环境需要更多的力量。这意味着军事力量是相对的。虽然城市环境似乎有利于防守方，但防守方也面临着大量平民、脆弱的基础设施以及采用有限的方法将附带损害降至最低等挑战。当城市环境受到攻击破坏时，就需要有可用的道路，用于维护、后勤和城市正常生活。

从环境的角度来看，第三部分提供了利用民用或军用基础设施的最大可能性。通信网络无法达到正常容量，而且除了服务降级外，正在进行的网络空间行动也改变了网络的用途。尽管如此，仍需要保持蓝城、ISR 广域监视、蓝城沿线部队以及蓝红边界附近部队之间的通信。在蓝城周边的郊区，可以使用现有的通信基础设施。在蓝城区域内，有很大可能执行维护任务。与第一部分和第二部分相比，由于有更多的蓝军部队可用，可以更好地利用无人系统。由于蓝军部队必须为城市附近和城市内的重大攻击做好准备，因此对空中多个无人系统的支持仍然有限。

在城市环境中，使用天线杆式天线对军事指挥站具有挑战性，尤其是在高楼密集的情况下。高层建筑的屋顶是微型蜂窝设备或可部署通信解决方案（如 LTE 或物联网接入点）的理想位置，如果在屋顶上安装合适的天线，就可以在建筑物上部署战术军用无线电台，但天线杆式超短波天线并不适合这种环境。视距地地军事通信具有挑战性。因此，利用无人机或航空器的空中中继可为接收者和通信基础设施中的有线节点提供传递信息的可能性。在城市环境中，大量的民用频谱用户、已占用的频率和有限的数据容量，都迫切需要频谱感知和敏捷寻找随机频率的能力。一方面，与第二部分相比，CR功能在这类环境中可以更好地展示；另一方面，频谱感知要求多个传感器能够从数据库或有利位置捕捉发射器，以限制隐藏终端的存在。由于频谱可能非常有限，因此 CR 能够在很宽的范围内调整频率，并将信息减少到最低限度，同时或连续通过几个信道发送信息，将是非常有价值的。基于频谱学习的认知作战能力，从短波到毫米波和光波，提供了多种传递信息的途径，这可以提供多个宽范围的频谱块，但也可能在最短的频谱范围内完成有限的通信。

如表 9.17 所列，可部署的军用 LTE 通信、战术军用无线电台以及有人和无人平台的物理传递获得了最高的评估分数。在使用有人驾驶平台进行物理传递时，时间推进和鲁棒性因子的值更高。城市环境并不适合利用中型无人机的高速性能。由于红军部队同时拥有 UGV 平台和 UAV 平台支持蓝方城市附近的攻击，因此使用有人驾驶平台进行物理传递的得分最高。战术军用无线电台和航空浮空器对实现蓝方城市周围蓝军部队之间的远距离传输可能很有价值。蓝军和红军的不同能力决定了通信方式的选择、行动节奏和时间推进因子的重要性。在不同的行动中，射程、鲁棒性、安全性、容量和时间推进因子的价值不同，权衡的标准也可能不同。应该注意的是，在对定性和定量因素进行评估时，只使用了前面介绍的不同通信备选方案的子集。对场景部分、蓝军和红军能力、作战区域、距离和数据传递次数的某些更改可能会将这些因素设定为不同的值。例如，计算中没有使用无人机中继，而这可能是某些行动中的关键能力，在这种情况下，如果蓝军使用中型无人机，就会将有限的兵力用于支持无人机行动，这将对蓝军在第一部分和第二部分的成功产生重大影响。

表9.17 第三部分 通信替代方案的特点

| 发 射 机 | 接 收 机 | 范围估计值/km | 与公共资源的距离/km | 鲁棒性因子 | 安全因子 | 容量因子 | 时间推进因子 | 总因子 |
|---|---|---|---|---|---|---|---|---|
| 无线电战术100MHz 5W 无线电（2m 战斗机） | 无线电战术100MHz 5W 无线电（2m 战斗机） | 1.7 | 2 | 3 | 3 | 0 | 1 | 7 |
| 无线电战术100MHz 5W 无线电（30m） | 无线电战术100MHz 5W 无线电（2m 战斗机） | 6.8 | — | 3 | 3 | 0 | 1 | 7 |
| 无线电战术400MHz 5W 无线电（30m） | 无线电战术400MHz 5W 无线电（2m 战斗机） | 4.5 | — | 3 | 3 | 1 | 1 | 8 |
| 无线电战术 5W 无线电（2m 战斗机） | 150m 高度航空器 | 14.6 | — | 2 | 2 | 0 | 3 | 7 |
| 可部署的军用25W LTE 基站（15m） | 军用 LTE（2m 战斗机） | 1~5 | — | 1 | 2 | 2 | 3 | 8 |
| 无线传感器节点100mW，2400MHz | 无线传感器节点100mW，2400MHz | — | 0.1 | 1 | 1 | 0 | 0 | 2 |
| 物理传递，载人车辆 | 物理传递，载人车辆 | 10 | — | 2 | 2 | 3 | 3（50km/h） | 10 |
| 物理传递，UGV | 物理传递，UGV | 10 | — | 1 | 2 | 3 | 2（30km/h） | 8 |
| 物理传递，UAV（小型） | 物理传递，UAV（小型） | 2 | — | 0 | 2 | 3 | 2（20km/h） | 7 |
| 物理传递，UAV（中型） | 物理传递，UAV（中型） | 15 | — | 1 | 2 | 3 | 2（70km/h） | 8 |

### 9.6.4　改进作战权衡分析的进一步措施

作者在这一虚构场景中分三部分对定性因素进行了评估，利用传播模型计算距离因子，并与公开来源的产品参数进行比较。如果各领域的专家都参与定性因素的评估，并在精确建模的作战环境中使用基于测量的精确参数进行距离计算，那么这将为作战提供重要的权衡取舍。由于战场上存在意外情况和超出固定计划的适应性需求，因此从不同角度对情景进行评估是对未来可能出现的情况做好充足准备的重要工具。通信距离的定量考虑并不能解答 C2 的所有问题，因为还需要考虑其他对作战产生影响的定性因素。

# 第 10 章 结 论

本书介绍了军事通信方面的内容，并着眼于未来，特别是针对通信方面对 C2 进行了分析。书中介绍了包括商业通信在内的几种通信技术，以及许多国家都在使用的由长生命周期产品组成的传统军事采购方法。

## 10.1 能力规划中前瞻重要性和信息的作用

本书通过未来预测、技术趋势、技术路线图和技术展望描述了关键技术、新兴技术和颠覆性技术，其中包含的要素与信息技术的创新和发展紧密相连。信息在未来战场中的作用是传统网络和太空领域连接的基础。利用基于威胁或基于能力的规划来发展长期军事能力，需要将 C2 和以网络为中心的能力放在优先位置，因为这些能力对全面作战和互操作性有重大影响。

## 10.2 未来战场中不断发展的指挥与控制

基于军事层级的指挥控制将在未来的军事组织行动中占据主导地位，尤其当军民的广域连接成为连接传感器与射手的替代方案时，发展冗余和安全的方法就非常必要。除了提供基于层级的指挥链外，未来系统还需要有能力建立纵向和横向的自组织通信群组，而不论其功能如何，都提供基于分析的信息支持，以帮助组织内各级行动者。不过，根据国际研究者对这一主题的讨论，未来基于分析的系统显然将以辅助角色为军队服务，以减轻指挥官的信息负担，但不会发挥自主决策的作用。由于人们已经认识到通信在指挥控制中的基础作用，因此将所有节点都融入军事信息域的热情越发高涨，这将可能给未来作战行动带来风险。

## 10.3 未来战争与战斗本质

战争的本质将始终保留其关键要素，但未来也会出现一些变化。作者对未来的看法是，战争是人类在战略战役战术层面尝试各种变化的努力。人类作为决策主体的角色将得到多功能技术和系统的支持，使指挥官能够专注于任务的指挥控制。具有不同程度自主性的系统将被用于保护部队并提高其作战能力。人身安全、认知负担的减轻以及在分析增强环境中的作战能力，可使作战人员专注于主要任务，而将最危险的行动留给机器。这就需要采用不同的方法对部队进行教育和培训，以应对未来的任务。此外，由于当前战争的主要因素在未来仍将存在，因此不能忽视既定的作战方式。无论未来的作战行动是涉及机器人、常规战争、非对称战争还是混合战争等，都要回归到以威胁或能力为基础的规划。

## 10.4　传统通信系统与先进通信系统并存

军事组织将在通信应用中同时使用传统系统和先进的无线技术解决方案。随着商业部门在无线通信技术发展中逐渐占据主导地位，军用级通信设备升级换代也将紧随其后，以提高最佳通信技术解决方案的安全性和鲁棒性。各种不同的通信解决方案为军事组织提供了技术和系统的替代选择，军事组织需要找到最佳的、具有成本效益的设备，其中可能既包括民用设备，也包括军用设备。对可扩展性、敏捷性、互操作性、多功能性、移动性和自适应通信能力的要求，可能会导致同时使用寿命周期较短的加固型民用 SDR 或 CR 和寿命周期较长的军用 SDR 或 CR，在异构网络中将新系统和旧系统结合使用。

## 10.5　了解无线电波在作战区的传播情况及<br>准确绘制环境地图

要了解无线电波在不同频段和不同通信环境中的传播情况，需要进行模拟仿真研究和实地测试，以便更好地估计未来作战行动的性能。传感器和通信将紧密耦合，当基于人工智能的分析工具和自主行动者结合使用时，有可能提高其能力。无人系统可在三维环境测绘、空中或地面中继站、本地联网以及偏远地点之间实际传递信息方面发挥重要作用。

## 10.6　传感器、行动者和通信节点的融合

物联网正在发展成为一种现代传感器网络和通信基础设施，它将包含高

速、低延迟以及低速、低功耗的运行模式。如果标准化能为下一代应用留出空间，那么从长远来看，5G 物联网的概念可能会取得成功。人机协作、与智能机器的互动以及增强现实技术为实施基于位置的服务、有机器人系统融入的混合部队以及信息丰富的态势图应用创造了新的机遇，并有望在 2030 年左右彻底改变战场。这些技术显然会对未来战场产生影响，但根据目前情况，还无法判断其影响是消极的还是积极的。部队要做好长期应对以信息为中心的战争准备，无论是否使用增强技术，我们都需要针对新的作战形式进行训练。

## 10.7 频谱管理和军用无线电复杂形式

SDR 和更先进的 CR 技术指引着未来军事通信的方向。随着稀缺的无线电频谱日益拥挤不堪，需要新的方法来寻找频谱中的机会窗口，必须从现有的无线电数据库中收集不同行为者的频谱，并通过本地无线电环境态势图检测和收集附近的发射源。尽管商业需求正将军事用户推向有限的频段，但一些操作模式可确保军事频谱在某些情况下的使用权。这些方法需要精心的预先规划和培训，以确保相关机制的有效运作。在频谱拥挤的情况下，除了获得许可的主要用户外，还有共享频谱的用户，对他们的频谱使用必须加以管理，以免在相同的频点和时点同时使用。最新的频谱感知需要从多个地点观察频谱使用情况，有必要在共享频谱用户之间建立平等的频谱使用机会。频谱的使用可能受政策的制约，某些用户可以使用低数据速率的频谱，而其他用户可以购买时空上更高的数据容量。除了基于成本的模式外，还应该有在特定情况下为军事用户提供精确定位频谱的机制。这就要求民用、安全和军事用户的通信技术，以基础设施服务支持的认知和学习无线电为基础，并由基础设施服务提供支持。低功率传输允许更自由地使用频谱，因为对其他用户的潜在干扰非常有限。有限范围的高速无线技术（如毫米波通信）和精确指向的光通信可用来实现与本地有线通信节点的高数据速率区域的通信。从长远来看，如果无线基础设施以 CR 和无处不在的物联网传感器为基础，则仍需要在不同频段采用不同的通信技术，因为若将通信集中在某些可互操作的频率范围，会带来电磁预警和网络风险。

## 10.8 军事通信的替代形式需要考虑作战效果

本书在第 2 章中提出了几种可供选择的通信方式，从第 9 章的分析中得到的主要启示是，虽然一些可见的途径可以将先进的高性能通信设备带到战场，但必须仔细考虑不同的替代形式。不仅要考虑通信功能，还必须考虑对军事行动有影响的所有其他因素。在前方和后方部队需要通过规划的地理位置进行有限发射的通信时，基于位置的先存后发可能被证明是有价值的。这适用于自身发射受限、无法使用空中中继的情况，但如果在行动迷雾中，后续部队永远无法到达所存储信息的位置，则会有风险。此外，从信息存储到信息发送的过程中可能存在时间延迟，导致信息不再适用于当前情况。

## 10.9　低功耗军用通信和低截获要求

正如频谱是一种稀缺资源，在满足通信距离要求的同时，使用最低的发射功率将有利于兼顾作战单元最大限度地利用能源同时避免通信信号被探测的风险。实现这一要求的两个替代方案是使用 LoS 通信路径（在地势较高的地方升高地面通信天线杆）和使用空基平台（也可利用空中机动性）。对于未来快节奏行动，使用天线杆的地面通信比使用空中平台要慢。随着行动节奏加快，这些地面 LoS 通信平台必须收拢到前线的一侧，空基平台可为快节奏行动提供更好机动性，但其运行时间有限，这两种方案都需要大量部队提供信号作战支持。在敌对环境中执行任务时，空基平台会受到动能和非动能威胁，因此，空基信息传递不能作为唯一的通信选择。将 LoS 通信设施放到航空浮空器上的效果介于无人机和地面通信之间，航空浮空器平台的起飞和着陆需要很长时间，与典型的无人机相比，升空高度更加有限，因此覆盖范围也受限。航空浮空器也需要支援力量，当位于 LoS 路径另一端的航空浮空器升空时，需要获得相关信息，以便在两架航空浮空器之间建立最佳的 LoS 链路。

除空基中继外，无人机和无人地面车辆也可作为冗余通信路径提供者，在传统通信站转移到下一个目的地时延长网络的维持时间。无人平台可为特定重点区域临时提供移动指挥功能。

几十年来，无线自组网一直是战术通信的核心。无论有无骨干网支持（BS），D2D（设备对设备）通信都可以实现作战人员用户设备之间的通信，或作战人员用户设备与任何可用的基础设施支持之间的通信（无论是蜂窝通信、Wi-Fi 接入节点，还是在密集 WSN 中通过多次跳转传递作战人员信息的低功耗 WSN）。值得注意的是，WSN 内的通信可允许在通往目的地的途中，将信息临时存储到特定节点，并能够在特定事件发生时，将信息再次转发到目的地（例如，在通往目的地的每条路径上检测到干扰，并在信道释放后转发信息）。低功耗分布式 WSN 的性能通常非常有限，因此与当前传送高清视频的趋势相反，用于 WSN 传送的信息必须简单、小巧。

## 10.10　无人系统与自主性

随着无人驾驶系统向更高水平的自主化发展，无人驾驶系统可将信息从出发地以物理方式传递到目的地。随着自主功能的发展，不需要通过遥控来控制飞行，天线辐射可能会被消除。目前许多学者在努力为自主平台开发基于全球导航卫星系统信号、信标信号、相对导航、图像传感器协同处理以及预先存储地形模型和地图的不同导航机制。由于没有通信信号发射，自主平台可以悄无声息地将大量信息从出发地传送到目的地。在敌对环境中，自主信息传输可能会面临动能交战的威胁，但没有接收高功率信号的部件，就不会像非动能交战般易受攻击。如果自主空基系统的接收功能具备理想的特性，那么能够使用定向天线接收从地面高角度发送的信号。还有一种自主空基平台接收地面信息的方式是使用光通信，在这种情况下，空中接收器将包含广角光学器件，而地面作战人员用户设备将有非常窄的波束，以便在空中同时存在多个自主平台时进行选择性指向。

## 10.11　未来发展方向

无论军事通信的未来如何，可以肯定的是，过去、当前和新兴系统的各种要素必须协同行动，并且在行动未按计划进行时提供冗余路径。未来的军事通信可能会多域并行，军事通信必须实时适应频谱中的事件，找到将信息传递到目的地的最佳方式。根据实际情况、频谱可用性和信息传递的时间敏感性，信息可以通过复杂路径进行路由，以避免干扰；或在到达目的地途中，暂时停在一个可信、安全的地点；或为了保持冗余和可靠传输，通过几条并行路径发送，其时间延迟会相互偏离，有些路径将依靠物理传输以及无线和有线传输。基于人工智能的分析，将精确定位受敌对活动影响的路径，并可用于后续的信息传递规划。

# 缩　略　语

**ADSL**　asymmetric digital subscriber line　非对称数字用户链路

**AI**　artificial intelligence　人工智能

**AJ**　anti-jamming　抗干扰

**AM**　amplitude modulation　调幅

**AR**　augmented reality　增强现实

**BPSK**　binary phase shift keying　二进制相移键控

**BS**　base station　基站

**CBP**　capability-based planning　基于能力的规划

**CBRN**　chemical, biological, radiological, and nuclear　化学、生物、辐射和核

**CDMA**　code division multiple access　码分多址

**CONOPS**　concept of operations　作战概念

**CSS**　chirp spread spectrum　啁啾扩频

**C2**　command and control　指挥与控制

**C3**　command, control, and communications　指挥、控制和通信

**CSIS**　center for strategic and international studies　美国战略与国际问题研究中心

**C3ISR**　command, control, communications, intelligence, surveillance, and reconnaissance　指挥、控制、通信、情报、监视和侦察

**C4ISTAR**　command, control, communications, computers, intelligence, surveillance, target acquisition, and reconnaissance　指挥、控制、通信、情报、监视、目标捕获和侦察

**C4**　command, control, communications, and computers　指挥、控制、通信和计算机

**DOT-MPLFI**　doctrine, organization, training, materiel, personnel, leadership and education, facilities, and interoperability　条令、组织、培训、物资、领导和教育、人员、设施和互操作性

**DSSS**　direct-sequence spread spectrum　直接序列扩频

**D2D**  device-to-device  设备对设备

**EOB**  electronic order of battle  电子作战命令

**EOD**  explosive ordnance disposal  爆炸物处理

**EMSO**  electromagnetic spectrum operations  电磁频谱战

**EW**  electronic warfare  电子战

**FHSS**  frequency-hopping spread spectrum  跳频扩频

**FM**  frequency modulation  调频

**FPGA**  field programmable gate array  现场可编程门阵列

**GMTI**  ground moving target indicator  地面移动目标指示器

**GNSS**  global navigation satellite systems  全球导航卫星系统

**GPP**  general purpose processor  通用处理器

**HF**  high frequency  高频

**HVT**  high-value target  高价值目标

**HW**  hardware  硬件

**IF**  intermediate frequency  中频

**IoT**  internet of things  物联网

**ISR**  intelligence, surveillance, and reconnaissance  情报、监视和侦察

**ITU**  international Telecommunication Union  国际电信联盟

**JCA**  joint Capability Areas  联合能力区

**LoS**  line-of-sight  视距

**LPI**  low probability of intercept  低截获

**LTE**  long Term Evolution  长期演进

**MANET**  mobile ad hoc networks  移动自组网

**MIMO**  multiple input multiple output  多输入多输出

**MOE**  measures of effectiveness  有效性度量标准

**MS**  mobile station  移动基站

**NB**  narrowband  窄带

**NCW**  network-centric warfare  网络中心战

**NLoS**  non-line-of-sight  非视距

**OOB**  order of battle  战斗序列

**OODA**  oberve, orient, decide, and act  观察，定位、决策和行动

**OPSEC**  operational security  业务安全

**PM**  phase modulation  相位调制

**PMR**  personal mobile radio  个人移动无线电

**PN**　pseudo noise　伪噪声

**QPSK**　quadrature phase shift keying　正交相移键控

**RF**　radio frequency　射频

**RFID**　radio frequency identification　射频识别

**R&D**　research and development　研发

**SCA**　software communications architecture　软件通信体系结构

**SDR**　software-defined radio　软件定义无线电

**SIGINT**　signal intelligence　信号情报

**SINR**　signal to interference and noise ratio　信干比

**SNR**　signal-to-noise ratio　信噪比

**SOC**　system-on-chip　片上系统

**SS**　spread spectrum　扩频

**SW**　software　软件

**SWaP**　size, weight, and power　尺寸、质量和功耗

**THSS**　time-hopping spread spectrum　跳时扩频

**TTP**　techniques, tactics and procedures　技术、战术和程序

**UAS**　unmanned aerial systems　无人机系统

**UAV**　unmanned aerial vehicle　无人机

**UGV**　unmanned ground vehicle　无人地面车辆

**UHF**　ultrahigh frequency　超高频

**VDSL**　very-high-bit-rate digital subscriber line　超高比特率数字用户链路

**VHF**　very high frequency　甚高频

**VSWR**　voltage standing wave ratio　电压驻波比

**WB**　wideband　宽带

**WRC**　world radio communication Conferences　世界无线电通信大会

**WSAN**　wireless sensor and actuator networks　无线传感器和执行器网络

**WSN**　wireless sensor networks　无线传感器网络

# 参 考 书 目

Adamy, D., *Practical Communication Theory*, Edison, NJ: SciTech Publishing, 2014.

Adamy, D. L., *EW* 103: *Tactical Battlefield Communications Electronic Warfare*, Norwood, MA: Artech House, 2009.

Adamy, D. L., *Introduction to Electronic Warfare Modeling and Simulation*, Norwood, MA: Artech House, 2003.

Andersen, J. B., T. S. Rappaport, and S. Yoshida, "Propagation Measurements and Models for Wireless Communications Channels," *IEEE Communications Magazine*, January 1995, pp. 42-49.

Andrews, J. G., A. Ghosh, and R. Muhamed, *Fundamentals of WiMAX: Understanding Broadband Wireless Networking*, Upper Saddle River, NJ: Pearson Education Inc., 2007.

Austin, R., *Unmanned Aircraft Systems UAVS Design, Development and Deployment*, Chichester, UK: John Wiley & Sons Ltd., 2010.

Bennett, R., *Fighting Forces*, London: Quarto Publishing Plc, 2001.

Bouachir, O., et al., "A Mobility Model for UAV Ad Hoc Network," *ICUAS* 2014, *International Conference on Unmanned Aircraft Systems*, May 2014, Orlando, FL, pp. 383-388.

Brannen, S. J., *Sustaining the U. S. Lead in Unmanned Systems - Military and Homeland Considerations through* 2025, A Report of the CSIS International Security Program, CSIS, Center for Strategic & International Studies, February 2014, 28 p.

Burmaoglu, S., and O. Santas, "Changing Characteristics of Warfare and the Future of *Military R&D*," *Technological Foresight & Social Change*, No. 116, 2017, pp. 151-161.

Carlson, A. B., P. B. Crilly, and J. C. Rutledge, *Communication systems An Introduction to Signals and Noise in Electrical Communication*, Fourth Edition, New York: McGraw - Hill, 2002.

Chen, K. - C., and J. R. B. De Marca, (eds.), *Mobile WiMAX*, Chichester, UK: John Wiley & Sons Ltd., 2008.

Dahlman, E., et al., *Communications Engineering Desk Reference*, San Diego, CA: Academic Press, Elsevier Inc., 2009.

Delisle, G. Y., J-P. Lefèvre, and M. Lecours, "Propagation Loss Prediction: A Comparative Study with Application to the Mobile Radio Channel" *IEEE Transactions on Vehicular Technology*, Vol. VT-34, No. 2, May 1985, pp. 86-96.

Dougherty, M. J. , *Modern Weapons* (*Compared and Contrasted*), London: Amber Books Ltd. , 2012.

Egli, J. J. , "Radio Propagation Above 40 MC over Irregular Terrain," *Proceedings of the IRE*, Vol. 45, Issue 10, October 1957, pp. 1383-1391.

Elmasry, G. F. , *Tactical Wireless Communications and Networks-Design Concepts and Challenges*, New York: John Wiley & Sons Ltd. , 2012.

Ergen, M. , *Mobile Broadband Including WiMAX and LTE*, New York: Springer, 2009.

European Cooperative in the Field of Science and Technical Research EURO-COST 231, *Urban Transmission Loss Models for Mobile Radio in the* 900 *and* 1800 *MHz Bands*, Revision 2, The Hague, September, 1991.

Fette, B. , et al. , *RF and Wireless Technologies-Know It All*, Burlington, MA: Newnes, Elsevier Inc. , 2008.

Frater, M. R. , and M. Ryan, *Electronic Warfare for the Digitized Battlefield*, Norwood, MA: Artech House, 2001.

Frenzel, L. , *Electronic Design Library Focus on Wireless Fundamentals for Electronic Engineers*, Electronic Design, Penton Media Inc. , 2017.

Godara, L. C. ( ed. ), *Handbook of Antennas in Wireless Communications*, Boca Raton, FL: CRC Press, 2002.

Goeller, L. , and D. Tate, "A Technical Review of Software Defined Radios: Vision, Reality and Current Status," 2014 *IEEE Military Communications Conference*, 2014, pp. 1466-1470.

Goldsmith, A. , *Wireless Communications*, New York: Cambridge University Press, 2005.

Graham, A. , *Communications, Radar and Electronic Warfare*, Chichester, UK: John Wiley & Sons Ltd. , 2011.

Graham, A. , N. C. Kirkman, and P. M. Paul, *Mobile Radio Network Design in the VHF and UHF Bands: A Practical Approach*, Chichester, UK: John Wiley & Sons Inc. , 2007.

Graham, R. F. , "Identification of Suitable Carrier Frequency for Mobile Terrestrial Communication Systems with Low Antenna Heights," *IEEE Military Communications Conference*, MILCOM 98, Boston, 1998, pp. 313-317.

Granatstein, V. L. , *Physical Principles of Wireless Communications*, Boca Raton, FL: CRC Press, Taylor & Francis Group LLC, 2012.

Gupta, L. , Jain, R. , and G. Vaszkun, "Survey of Important Issues in UAV Communication Networks," *IEEE Communications Surveys & Tutorials*, Vol. 18, No. 2, 2016, pp. 1123-1152.

Hagen, J. B. , *Radio-Frequency Electronics: Circuits and Applications*, Cambridge, UK: Cambridge University Press, 2009.

Hall, P. S. , P. Gardner, and A. Faraone, "Antenna Requirements for Software Defined and Cognitive Radios," *Proceedings of the IEEE*, Vol. 100, No. 7, July 2012, pp. 2262

−2270.

Haslett, C. , *Essentials of Radio Wave Propagation*, Cambridge, UK: Cambridge University Press, 2008.

Hata, M. , "Empirical Formula for Propagation Loss in Land Mobile Radio Services, "*IEEE Transactions on Vehicular Technology*, Vol. VT−29, Issue 3, August 1980, pp. 317−325.

Haykin, S. , "Cognitive Radio: Brain − Empowered Wireless Communications," *IEEE Journal of Selected Areas in Communications*, Vol. 23, No. 2, February 2005, pp. 201−220.

Ilyas, M. , and I. Mahgoub, (eds. ), *Handbook of Sensor Networks: Compact Wireless and Wired Sensing Systems*, Boca Raton, FL: CRC Press LLC, 2005.

Kosola, J. , *Disruptiiviset teknologiat puolustuskontekstissa*, Helsinki, Finland: Pääesikunta, Materiaaliosasto, 2013.

Kosola, J. , and T. Solante, *Digitaalinen taistelukenttä − Informaatioajan sotakoneen tekniikka*, Helsinki, Finland: Maanpuolustuskorkeakoulu, Sotatekniikan laitos, 2013.

Kott, A. , A. Swami, and B. J. West, "The Internet of Battle Things" *Computer*, the IEEE Computer Society, December 2016, pp. 70−75.

Kuikka, V. , and M. Suojanen, "Modelling the Impact of Technologies and Systems on Military Capabilities," *Journal of Battlefield Technology*, Vol. 17, No. 2, Argos Press, 2014, pp. 9−16.

Kuikka, V. , J−P. Nikkarila, and M. Suojanen "A Technology Forecasting Method for Capabilities of a System of Systems," 2015 *Portland International Conference on Management of Engineering and Technology* (*PICMET*), Portland, OR, 2015, pp. 2139−2150.

Kuikka, V. , J−P. Nikkarila, and M. Suojanen, "Dependency of Military Capabilities on Technological Development," *Journal of Military Studies*, Vol. 6, No. 2, ISSN 1799 − 3350, National Defense University and Finnish Society of Military Sciences, 2015, 30 p.

Kuosmanen, P. , *Taktisten ad hoc − radioverkkojen toteuttamismahdollisuudet erilaisissa toimintaympäristöissä*, Helsinki, Finland: Maanpuolustuskorkeakoulu, Tekniikan laitos, 2004.

Labiod, H. , H. Afifi, and C. De Santis, *Wi−Fi, Bluetooth, ZigBee and WiMax*, Dordrecht, The Netherlands: Springer, 2007.

Larson, L. E. (ed. ), *RF and Microwave Circuit Design for Wireless Communications*, Norwood, MA: Artech House, 1996.

Lathi, B. P. , *Modern Digital and Analog Communication Systems*, New York: Oxford University Press Inc. , 1998.

Li, L. et al. , "Network Properties of Mobile Tactical Scenarios," *Wireless Communications and Mobile Computing*, 14, 2014, pp. 1420−1434.

Martinic, G. , "The Proliferation, Diversity, and Utility of Ground−Based Robotic Technologies," *Canadian Military Journal*, Vol. 14, No. 4, Autumn 2014, pp. 48−53. Milligan, T. J. , *Modern Antenna Design*, Hoboken, NJ: John Wiley & Sons Inc. , 2005.

Mitola Ⅲ, J., and G. C. Maguire, Jr, "Cognitive Radio: Making Software Radios More Personal," *IEEE Personal Communications*, August 1999, pp. 13-18.

Okumura, T., E. Ohmori, and K. Fukuda, "Field Strength and Its Variability in VHF and UHF Land Mobile Radio Service, "*Review of the Electrical Communication Laboratory*, Vol. 16, No. 9-10, September-October 1968, pp. 825-873.

Palat, R. C., A. Annamalau, and J. R. Reed, "Cooperative Relaying for Ad-Hoc Ground Networks Using Swarm UAVs," *MILCOM* 2005-2005 *IEEE Military Communications Conference*, Atlantic City, NJ, 2005, pp. 1588-1594.

Parsons, J. D., *The Mobile Radio Propagation Channel*, Chichester, UK: John Wiley & Sons Ltd, 2000.

Perez, R., *Wireless Communications Handbook: Aspects of Noise, Interference, and Environmental Concerns, Volume* 2: *Terrestrial and Mobile Interference*, San Diego, CA: Academic Press, 1998.

Phillips, C., D. Sicker, and D. Grunwald, "A Survey of Wireless Path Loss Prediction Models and Coverage Mapping Methods," *IEEE Communications Surveys & Tutorials*, Vol. 15, No. 1, First Quarter, 2013, pp. 255-270.

Proakis, J. G., *Digital Communications*, Fourth Edition, Singapore: McGraw-Hill Book Companies Inc., 2001.

Pu, D., and A. M. Wyglinski, *Digital Communication Systems Engineering with Software-Defined Radio*, Norwood, MA: Artech House, 2013.

Rappaport, T. S., *Wireless Communications-Principles & Practice*, Upper Saddle River, NJ: Prentice-Hall Inc., 2002.

Rohde, U. L., and D. P. Newkirk, *RF/Microwave Circuit Design for Wireless Applications*, New York: John Wiley & Sons Inc., 2000.

Roper, A. T., et al., *Forecasting and Management of Technology*, Hoboken, NJ: John Wiley & Sons Inc., 2011.

Rouphael, T. J., *RF and Digital Signal Processing for Software-Defined Radio: A Multi-Standard Multi-Mode Approach*, Burlington, MA: Elsevier Inc., 2009.

Rudersdorfer, R., *Receiver Technology - Principles, Architectures and Applications*, Chichester, UK: John Wiley & Sons Ltd., 2014.

Räisänen, A. V., and A. Lehto, *Radio Engineering for Wireless Communication and Sensor Applications*, Norwood, MA: Artech House, 2003.

Saakian, A., *Radio Wave Propagation Fundamentals*, Norwood, MA: Artech House, 2011.

Scott, A. W., and R. Frobenius, *RF Measurements for Cellular Phones and Wireless Data Systems*, Hoboken, NJ: John Wiley & Sons Inc., 2008.

Seybold, J. S., *Introduction to Radio Propagation*, Hoboken, NJ: John Wiley & Sons Inc., 2005.

128

Sithamparanathan, K. , and A. Giorgetti, *Cognitive Radio Techniques*, *Spectrum Sensing*, *Interference Mitigation*, *and Localization*, Norwood, MA: Artech House, 2012.

Strömmer, E. , and M. Suojanen, "Micropower IR-Tag—A New Technology for AdHoc Interconnection between Handheld Terminals and Smart Objects," *Smart Objects Conference* (*SOC*2003), Grenoble, France, 2003.

Suojanen, M. et al. , "An Example of Scenario-based Evaluation of Military Capability Areas—Àn Impact Assessment of Alternative Systems on Operations," *IEEE Systems Conference* 2015 (*IEEE Syscon* 2015), April 13-16, 2015, Vancouver, Canada.

Suojanen, M. , and J. Nurmi, "Tactical Applications of Heterogeneous Ad Hoc Networks-Cognitive Radio, Wireless Sensor Networks and COTS devices in Mobile Networked Operations," *The Fourth International Conference on Advances in Cognitive Radio* (*COCORA* 2014), 23. – 27. 2. 2014, Nice, France.

Tolk, A. (ed. ), *Engineering Principles of Combat Modeling and Distributed Simulation*, Hoboken, NJ: John Wiley & Sons Inc. , 2012.

Tuck, C. , *Understanding Land Warfare*, New York: Routledge, Taylor & Francis Group, 2014.

Vassiliou, M. S. , D. S. Alberts, and J. R. Agre, *C2 Re-Envisioned-The Future of the Enterprise*, Boca Raton, FL: CRC Press, Taylor & Francis Group LLC, 2015.

Vizmuller, P. , *RF Design Guide*: *Systems*, *Circuits and Equations*, Norwood, MA: Artech House, 1995.

Välkkynen, P. , *Physical Selection in Ubiquitous Computing*, Helsinki, Finland: VTT Technical Research Centre of Finland, 2007.

Webb, W. , *Wireless Communications—The Future*, Chichester, UK: John Wiley & Sons Ltd. , 2007.

Wilson, M. J. (ed. ), 2009 *The ARRL Handbook for Radio Communications*, Newington, CT: ARRL—The National Association for Amateur Radio, 2009.

Winder, S. , and J. Carr, *Newnes Radio and RF Engineering Pocket Book*, Woburn, MA: Newnes, 2002.